大型水电站设计施工
一体化数字化建造实践

中国电建集团华东勘测设计研究院有限公司

徐建军　张帅　殷亮 等　著

中国水利水电出版社
www.waterpub.com.cn
·北京·

内 容 提 要

本书详细介绍了杨房沟水电站设计施工一体化数字化建造的实践经验，涵盖了工程数字化相关技术理论、BIM协同设计技术、智能建造技术等前沿技术的应用。通过对工程数据中心、三维协同设计平台、数字化建设管理平台等数字化技术体系的深入探讨，展现了大型水电站从规划设计、施工建设到管理监控的全过程数字化应用成果。

本书结合实际案例，全面阐述了数字化建造在水电工程中的技术流程、方法及应用效果，可为水电水利工程数字化设计、施工、建设管理人员提供重要参考。

图书在版编目（CIP）数据

大型水电站设计施工一体化数字化建造实践 / 徐建军等著. -- 北京 ： 中国水利水电出版社，2025. 3.
ISBN 978-7-5226-3327-5

Ⅰ. TV

中国国家版本馆CIP数据核字第2025VA9679号

书　　名	大型水电站设计施工一体化数字化建造实践 DAXING SHUIDIANZHAN SHEJI SHIGONG YITIHUA SHUZIHUA JIANZAO SHIJIAN
作　　者	中国电建集团华东勘测设计研究院有限公司 徐建军　张帅　殷亮　等著
出版发行	中国水利水电出版社 （北京市海淀区玉渊潭南路1号D座　100038） 网址：www. waterpub. com. cn E-mail：sales@mwr. gov. cn 电话：（010）68545888（营销中心）
经　　售	北京科水图书销售有限公司 电话：（010）68545874、63202643 全国各地新华书店和相关出版物销售网点
排　　版	中国水利水电出版社微机排版中心
印　　刷	北京印匠彩色印刷有限公司
规　　格	184mm×260mm　16开本　13.5印张　329千字
版　　次	2025年3月第1版　2025年3月第1次印刷
定　　价	**99.00元**

本书编委会

主　　编：徐建军　张　帅　殷　亮

编写人员：何展国　黄成家　魏海宁　王潇弘

　　　　　王雨婷　潘　鹤　卓胜豪　田继荣

　　　　　闫兴田　张元坤　毛沁瑜　熊保锋

　　　　　宋媛媛　叶　磊　朱泽彪　林瀚文

　　　　　陈　佑　薛天龙　龚蕊祺　冯瑞民

随着数字化技术的迅速发展，工程建设行业正经历着前所未有的变革。水电站作为基础设施工程，传统的设计、施工和管理模式已经无法满足现代化工程对效率、精确性和智能化的要求。在此背景下，杨房沟水电站作为我国大型水电工程的代表性项目，率先将数字化技术全面应用于设计、施工和管理的全过程，形成了一套具有示范意义的数字化建造模式。本书《大型水电站设计施工一体化数字化建造实践》正是对杨房沟水电站在设计施工一体化数字化建造过程中技术的探索与经验的总结。

杨房沟水电站数字化建设的成功，离不开对 BIM（建筑信息模型）、工程数据中心、三维协同设计、智能建造等多种前沿技术的深度应用。通过构建"1+2+N"的数字化技术应用体系，即 1 个数据中心、2 个数字化协同设计平台和 N 个智能建造子系统，工程实现了从勘测设计到施工建设再到运营管理的全过程数字化管理。本书不仅系统介绍了这些技术在杨房沟水电站建设中的具体应用，还详细阐述了数字化建造在实际工程中的效益和意义。

全书共分 8 章，第 1 章从数字化技术的基本理论出发，介绍了工程数字化发展的历程及核心技术，涵盖了 CAD、BIM 和智能建造等内容；第 2 章重点解析了杨房沟水电站的"1+2+N"数字化技术应用体系；第 3 章～第 6 章分别介绍了工程数据中心、三维协同设计、数字化建设管理平台及智能建造一体化集成的技术与应用，详述了各环节数字化建造的具体实践；第 7 章进一步探讨了智能建管平台的推广应用体系，为后续类似工程的数字化建设提供了宝贵的经验和参考；第 8 章则对整个项目的数字化建设进行总结，并展望了未来水电工程数字化建设的方向。

希望本书的出版，能够为广大工程技术人员提供有益的参考和指导，助力我国水电工程的数字化转型与发展，为更多大型基础设施工程提供借鉴，推动工程建设行业迈向数字化、智能化的新高度。

书中难免存在不足之处，敬请读者批评指正。

编者
2024 年 10 月

目录
CONTENTS

第1章 工程数字化相关技术概论

1.1 工程数字化发展历程

工程数字化是指将数字技术与传统工程建设相结合，运用信息技术和计算机技术来提高工程设计、施工、运营与管理的效率和质量。我国工程数字化发展经历了计算机辅助设计（CAD）、建筑信息模型（BIM）、数字化建设管理、智能建造等阶段。

1.1.1 计算机辅助设计（CAD）

随着计算机技术的发展，工程项目逐渐开始采用电子化的方式进行设计和管理。设计师和工程师开始使用计算机辅助设计（CAD）软件来进行绘图和设计。

CAD软件指利用计算机快速的数值计算和强大的图文处理功能来辅助工程师、设计师、建筑师等人员进行产品设计、工程绘图和数据管理等工作的软件。该类软件承载大量数据信息，能够实现高效、精准处理各类数据，助力设计人员对不同方案进行大量的计算、分析和比较，广泛应用于机械、电子、汽车、航天和工程建筑设计等领域。

20世纪90年代初，我国提出了"甩掉绘图板"的号召，促进了CAD技术的进一步发展，工程勘察设计行业信息化建设开始进入了计算机应用的阶段，加快了CAD技术的发展和普及。在"十五"期间，我国大部分单位已经完全普及CAD二维设计，同时也掌握了三维设计技术。CAD软件进入百花齐放的阶段，各类面向不同专业和方向的设计软件相继面市。CAD软件的应用与普及，提升了设计的效率与质量，提高了设计人员的单兵作战能力，使得设计过程更加灵活和可迭代。

1.1.2 建筑信息模型（BIM）

BIM（Building Information Modeling）技术由Autodesk公司在2002年率先提出，已经在全球范围内得到业界的广泛认可，它可以帮助实现建筑信息的集成，从建筑的设计、施工、运行直至建筑全生命周期的终结，各种信息始终整合于一个三维模型信息数据库中，设计团队、施工单位、设施运营部门和业主等各方人员可以基于BIM进行协同工作，有效提高工作效率、节省资源、降低成本，以实现可持续发展。

BIM的核心是通过建立虚拟的建筑工程三维模型，利用数字化技术，为这个模型提供完整的、与实际情况一致的建筑工程信息库。该信息库不仅包含描述建筑物构件的几何信息、专业属性及状态信息，还包含了非构件对象（如空间、运动行为）的状态信息。借助这个包含建筑工程信息的三维模型，大大提高了建筑工程的信息集成化程度，从而为建筑工程项目的相关利益方提供了一个工程信息交换和共享的平台。BIM 有如下特征：它不仅可以在设计中应用，还可以应用于建设工程项目的全生命周期中；用 BIM 进行设计属于数字化设计；BIM 的数据库是动态变化的，在应用过程中不断更新、丰富和充实；为项目参与各方提供了协同工作的平台。

随着 BIM 技术的出现和不断地深入应用，使工程项目管理的"颗粒度"进一步细化。在二维平面设计下，通过图形来表达设计意图，最终形成了以矢量图形组成的示意图，图面上各个设计元素通过文字标注和相应的图例来进行表达；因此，二维设计项目管理以文件为单位，基于设计文件进行文档管理、协同共享和电子交付。而在利用 BIM 进行设计时，则是通过构件来进行表达，所有的设计元素都是一个构件，它包含有与之相关的几何信息和非几何信息。这种模式类似于软件开发中的面向对象方法，每一个构件对应一个类（族），通过类生成一个对象（构件）。由于 BIM 设计的这种特性，整个建筑物被拆分为一个个容易被计算机识别的建筑构件，形成结构化的建筑数据库。因此，利用 BIM 设计的过程也可以看做是建筑物进行数据建模的过程。而结构化的数据不仅可以提高工程项目管理的精细化程度，也可以加深工程项目管理与综合办公管理和知识管理之间的紧密程度，提升企业的整体管理水平。

1.1.3　数字化建设管理

工程数字化建设管理是指将工程建设项目的建设管理的设计、质量、进度、投资、安全、技术等各个环节与过程进行数字化改造，以提高效率、降低成本并增强项目的可追溯性和监控能力。通过引入数字化技术和信息管理系统，工程数字化建设管理可以实现以下方面的改进。

（1）数据采集与管理。采集项目中的各种数据，如设计文件、施工图纸、进度计划、材料清单等，并进行统一管理和归档，方便项目各方快速访问和共享信息。

（2）项目协同与协作。通过云平台或协同工具，实现不同参与方之间的实时沟通和协作，促进各方在项目进展、问题解决等方面的协同工作。

（3）BIM 技术应用。BIM 可以集成建筑物的设计、施工和运营等信息，提供全方位的建筑项目管理和决策支持。

（4）进度与资源管理。利用数字化工具进行进度计划的制订、更新和跟踪，实现对施工进度和资源利用情况的实时监控和调整。

（5）质量和安全管理。通过数字技术和传感器监测设备，实现对施工质量和安全风险的监控和预警，提升项目的质量和安全水平。

通过工程数字化建设管理，可以提高工程项目的管理效率、减少纸质文档的使用、简化流程、降低错误率，并为项目管理者提供更准确的数据和决策支持。

1.1.4　智能建造

2020 年 7 月 3 日，住房和城乡建设部联合国家发展和改革委员会、科学技术部、工业和信息化部、人力资源和社会保障部、交通运输部、水利部等十三个部门印发《关于推动智能建造与建筑工业化协同发展的指导意见》。该指导意见提出以大力发展建筑工业化为载体，以数字化、智能化升级为动力，创新突破相关核心技术，加大智能建造在工程建设各环节应用，形成涵盖科研、设计、生产加工、施工装配、运营等全产业链融合一体的智能建造产业体系。

智能建造是指利利用人工智能、物联网、大数据和云计算等新兴技术和工具来优化建造过程，达到提高效率、降低成本和提高质量的建造目的，它涵盖从规划、设计到施工和维护的整个建造过程。

近年来，智能建造在水利水电工程领域得到广泛发展与应用。例如糯扎渡数字大坝开发了智能碾压，可自动采集大坝碾压机械位置、行进速度、振动状态等施工质量信息，实时计算碾压遍数、仓面压实高度、压实厚度等监控指标，分析填筑强度、机械设备配置和资源利用率等，使大坝施工质量始终处于真实受控状态；溪洛渡智能大坝系统能够对混凝土开裂风险和拱坝应力变形状态进行监控，加强了现场混凝土一条龙快速施工、智能通水温控防裂、基础开挖、灌浆、置换处理的智能管理，为大坝混凝土顺利浇筑和温控防裂提供了技术保障；三峡集团组织开展了工程智能建造关键技术科研项目，运用 BIM、物联网、大数据、可视化等前沿尖端信息技术手段，通过自动采集、无线传输、专家分析、动态监控、评价预警、终端推送、数据挖掘等方法，构建大坝工程智能建造信息管理平台，承载全专业全过程的大坝施工管理、科研与仿真服务、智能生产控制、专业化子系统、技术管理等管控，实现大坝工程建设的全生命周期"数字化、信息化、智能化"管理。

1.2　BIM 协同设计技术

BIM 协同设计技术是以协同设计平台（又称公共数据环境，Common Data Environment，CDE）为基础，以三维辅助设计软件的应用为手段，以各专业设计 BIM 为载体，为实现共同的设计目标或项目，预先建立统一的各专业 BIM 设计标准、项目环境和 BIM 协同设计流程，使不同专业人员在统一的协同设计平台环境下开展协同设计工作，实现三维信息模型和设计信息共享与集成，通过各专业设计模型创建、碰撞、修改、确认、抽图、成图、标注达到设计成果图纸的设计过程技术，设计过程各专业模型三维可视化，建模要求精准性，从而实现设计生产的效率和质量的提高。

BIM 技术具有可视化、一体化、参数化、仿真性、协调性、优化性、可出图性、信息完备性等特点，所构建的虚拟工程信息库贯穿工程项目的设计、施工、运维的全过程，在此过程中工程项目的建设、设计、施工、监理、设施运营部门等各参建单位及相关人员可以基于 BIM 进行协同工作，有效提高生产效率，在节约资源、降低成本、缩短工期等方面发挥越来越重要的作用。

水电工程 BIM 协同设计过程应具备相关关键技术协同能力，主要包括 BIM 基础应用技术、专业 BIM 设计技术及 BIM 设计标准三个部分。其中，BIM 基础应用技术包含 CAD 基础应用技术、数据库管理应用技术、协同设计技术等；专业 BIM 设计技术应包括各专业领域的 BIM 设计，诸如基于 BIM 技术的地形地质设计、水工 BIM 开挖支护设计、发电厂房 BIM 土建与机电协同设计等；BIM 设计标准则包含 BIM 设计建模标准、BIM 设计管理标准、BIM 协同技术标准等。

1.2.1　BIM 基础应用技术

水电工程 BIM 基础应用技术与水电工程设计过程应考虑的专业基本一致，应考虑地形、地质、水工、机电、施工等多个专业的设计业务的基本需求。在水电工程 BIM 协同设计过程中对于 BIM 基础应用技术应具备以下几项功能技术，包含三维建模创建功能、基于三维模型抽取二维图纸并保证三二维联动设计功能、不同专业之间和不同阶段之间的数据接口功能等基本技术。水电工程具有结构复杂、模型数据量的管理和运算庞大、多数模型与数据需要参数控制、关联引用及知识封装等特点，这要求基础应用 BIM 软件（平台）具有良好的数据兼容性、良好的可扩展性、复杂模型创建的便利性，基于三维模型抽取二维图纸设计操作过程中的普遍适用性等综合能力，以及协同设计管理功能。目前，在水电工程行业中常用的基础应用平台主要包括以 AutoCAD、Revit 等为基础的 Autodesk公司系列产品，以 MicroStation 为基础的 Bentley 公司系列产品和以 CATIA 为基础的 Dassault 公司系列产品等。

1.2.2　专业 BIM 设计技术

（1）地质地形 BIM 设计。由于水电工程地质体的客观性、复杂性以及地质数据的有限性和不确定性，设计人员在地质设计过程中建立的三维地质模型应与已知地质数据吻合，且符合地质一般规律和地质工程师的宏观判断；此外，地质数据作为水电勘测设计的重要基础，与其他专业紧密相连，在多专业协同设计环境下要求持续调整和增添地质信息的同时，还能及时有效地向其他专业提供可靠的修改信息。具体来说，BIM 协同设计的地质地形成果能准确表达岩层、岩级、岩脉、断层、深部裂缝、覆盖层等主要地质信息，并能根据逐步增加的地质信息方便修改三维地质模型和任意平切图、剖面图，同时满足下游水工等专业应用的需要。

（2）水工结构设计技术。水工结构设计主要包括：枢纽布置、坝体设计、泄水建筑物设计、引水发电建筑物设计、基础处理设计、边坡开挖与支护设计等。由于大多数水工建筑物都是基于地形地质条件、水文和设备而布置，且水工结构的异形构造相对较多，水工模型的模块化、标准化难度较大；此外，由于水工设计涉及专业众多，相互之间的约束控制关系复杂，在模型设计时需要全面考虑各种因素。水工结构设计在 BIM 协同设计过程中不仅要求快速在三维地质地形模型上进行边坡开挖、布置水工建筑物，还应准确地根据传统或有限元计算结果进行坝体、孔口、压力管道、厂房梁板柱、蜗壳、尾水洞等各项结构要素设计，且设计模型应具备各项工程必要属性，可任意旋转、拉伸、剖切，可根据工程实际随时进行关联修改，并及时将修改信息反馈各相关专业。

（3）发电厂房机电设计技术。发电厂房机电设计主要包括发电厂房结构、建筑的土建设计，以及机电相关的水力机械、电气设备、通信、采暖通风及金属结构等部分内容。相对而言，发电厂房的结构设计是其他建筑、机电设备与管路设计的基础，应优先完成框架的 BIM 创建；发电厂房机电设计模型的模块化、标准化程度较高，相应的设备模型库和模型编码显得尤为重要。基于上述需求，针对发电厂房的水轮机、电气设备、通风管道专业系统的特点，探索发电厂房机电设计相关技术，包括绘制各种原理图，以及水轮机、电气设备、通风管道的三维模型，并实现在发电厂房内部进行结构设备的任意布置和调整；在此基础上，能够自动进行厂房内部的干涉与冲突检查，进行任意旋转、拉伸、剖切，以及自动计算各类设备、托架的重量、混凝土体积、管道与电缆的长度等。

（4）施工组织设计技术。施工组织设计中主要包括导流洞、围堰、施工临时道路与隧洞、料场、渣场、辅助企业/加工厂、施工通道等内容。施工组织设计技术内容主要涉及施工导流、围堰、施工临时道路与隧洞等临时建筑物的 BIM 结构设计，还需要对整个施工过程进行模拟仿真。其中，临时建筑物的 BIM 结构设计及计算可参照水工结构进行设计，料场、渣场、施工通道等施工布置内容应充分考虑与地形地质、水工永久建筑物布置之间的交互关系，同时应具备快速统计场地面积、开挖、回填工程量的基本计算功能。理想的施工仿真可准确模拟建筑物模型、直观再现浇筑/填筑、材料运输等系列施工过程，同时具备较好的交互功能，即实时修改调整功能。

1.2.3　BIM 设计标准

三维协同设计的核心内容是在同一个环境下，用同一套标准来支撑、约束各专业设计人员共同完成同一个项目。做好三维协同设计，最重要的是对工作内容进行集中存储，对工作环境进行集中管理，对工作流程进行集中控制。其中工作环境标准化配置、推送与管理是三维协同设计的核心部分，确保在项目过程中将设计的需求用同一套标准来完成，是提高工作效率和工作质量的重要步骤。

水电工程勘测设计的复杂性在于涉及的专业众多，不同专业需要与其他相关专业从结构形式和功能上进行协调，各专业的设计需满足其他专业设计内容的空间布置要求，良好的多专业协同设计环境，对于提高水电设计质量和效率尤为重要。理想的协同设计环境是基于统一的协同设计平台同时进行多专业设计工作，可满足多人、多地实时在线协同互动，从而减少设计疏漏、缩短设计周期。

水电工程 BIM 协同设计的关键在于如何在三维可视条件下，将分布在不同地点的相关各专业基础资料、数据、成果等数据信息进行实时共享，不同专业设计人员可同时、实时基于同一平台进行协同工作，在平面上和空间上及时发现、规避设计不合理现象。在进行协同设计时，应充分考虑各专业间以及专业内协同内容，如水工结构尺寸与机电设备尺寸、荷载及布置的协同等设计内容。为保证协同设计过程顺利，科学的协同流程和规定是必不可少的。

BIM 协同设计技术发展阶段包括：2005 年之前，是可视化设计阶段；2005—2015年，是协同设计阶段和参数化设计阶段；2015 年以后，是智能化设计阶段和智慧化设计阶段。BIM 协同设计技术各阶段发展如图 1.2-1 所示。

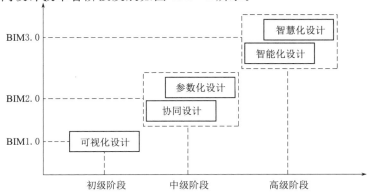

图 1.2-1　BIM 协同设计技术发展阶段

1.3　智能建造技术

1.3.1　智能建造业务管理平台

大型水电站工程在建设过程中，为提高工程建设水平，帮助现场管理人员及施工人员更加科学、合理地进行工程管理与建设，往往都会应用各类智能建造技术，如智能灌浆、智能温控、智能振捣、智能拌和楼及施工进度仿真等技术，能够更好地服务于现场施工。各类应用的服务器往往部署于现场，由于各类智能建造技术涉及众多智能模型及算法，为保证应用稳定，应用端软件多为 C 端软件。此外，该类应用软件操作较为复杂，对于工程建设的管理人员而言，其关注的重点为各项施工结果指标。因此，针对各类智能建造技术，应当通过开发数据接口，将监控成果及各类关键信息接入统一的管理平台中，同时进行统计分析，将数据存储于工程数据中心，以 B/S 方式访问，便于管理人员统一查询数据。

1.3.1.1　综合展示

基于 GIS 底图的 BIM 综合展示，是将三维 BIM 作为信息挂接载体，通过云计算的大数据分析整合能力，将主要的工程管理信息挂接于三维 BIM 中，实现基于三维模型现场主要工程管控信息导航功能。综合展示包括三维模型的展示和交互，以及借助模型进行工程建设业务管理。

（1）三维模型的展示和交互。该技术包括：①基本视图操作，如选择、放大缩小、平移、全屏显示、视图切换、漫游、属性查询等；②模型基本三维展示，位置剪切立方体切割定位、对象定位、多种显示样式渲染、模型对象显示隐藏控制、保存视图状态管理等；③系统模型管理控制，包括系统树、位置树控制，对象分类、对象过滤器控制；④高级显示控制，包括自动半自动漫游、动态剖切展示等。

（2）借助模型进行工程建设业务管理。该技术包括：①工程进度管理，在 Web 页面上根据用户选择的分部工程、分项工程，BIM 可展示相应的计划与实际完成工程量，并展示完成部分的工程桩号、高程等主要信息；②工程质量管理，将单元验评数据通过三维模型进行展示，包括质量验评的合格和优良信息等；③工程安全监测管理，采用三维导航方式进行安全监测信息的查询，包括监测仪器最新读数与历史测值、监测数据过程曲线、施工信息（仪器埋设位置、时间、厂家等信息）、多个设备仪器数据的对比分析、预警信息提示、监测仪器台账等；④智能灌浆管理，通过与三维 BIM 的结合，以灌浆记录仪实时传输数据作为基础，直观地展示灌浆的进度，并分析灌浆成果；同时根据实际设计帷幕设计情况，实现 BIM 与灌浆成果信息进行挂接。

1.3.1.2　设计管理

设计管理模块主要实现现场设计文件的报审及管理功能。相关参与方均可实时跟踪流程，结合多方批注意见查看审签记录，提高文件报审的工作效率，实现设计图纸、修改通知、设计报告等填报、审批、下载及预览功能，方便档案管理及参建各方查阅和使用电子版设计文件。在综合展示模块，还可以实现不同工程部位设计文件与 BIM 的挂接，实现了基于 BIM 的设计文件导航功能。

1.3.1.3 质量管理

通过质量验评过程数据化，建立标准化电子表单库，规范质量验评表单的填写、签证、归档过程，减少一线工作人员的工作量。通过共享的工程数据中心，可轻松实现质量数据的实时动态采集、分析、访问与交互。工程质量管理基于 BIM，实现工程建设过程中的关键部位、关键施工工序质量验评工作的"无纸化"管理，包含质量验评表单的结构化、质量验评管理流程、基于移动设备的现场验评、质量验评档案上传归档、基于 BIM 的质量信息展示、质量验评图表展示和分析等功能。

1.3.1.4 进度管理

在大型水电工程建设中，施工准备工作时间长、工程施工资源需求量庞大、施工工艺复杂、资金投入量巨大，水电站工程施工进度管理往往是一线管理的重点与难点，传统手段下，水电站施工进度管理的主要内容包括施工计划管理、实时进度管理。

（1）施工计划管理。在施工前，需要充分利用各有利因素，分析边界条件，提前安排项目施工计划。通过制定切实可行的工程计划，将各项施工内容落实到具体的工作任务中，并落实到人，实现清单化管理。施工计划包含总进度计划、年度、季度、月度施工计划和专项计划，在施工过程中，管理人员应有大局思想，掌握整体工程建设的关键线路，不仅要审查各进度计划，还应严格监督施工单位执行和落实，确保进度计划落地。

（2）实时进度管理。传统手段下，施工管理采用旁站、日报等方式进行管理，从而掌握工程实时进度，施工进度以施工日报、监理日报、备忘录等技术文件进行实时记录，并以例会、专项会议等方式进行管理和汇报，进度管理对于各方管理人员要求较高，参与管理的施工人员和监理工程师应能快速把握关键问题，必要时对施工手段、施工资源、施工组织乃至合同工期进行调整。

目前在水电站建设过程中，大多数项目管理软件对于工程进度信息的表达不够形象、具体和详细，使管理者不能直观地理解和掌握必要的信息，水电站的施工进度管理不但耗费大量人力物力，决策信息的准确性、及时性、完整性也难以保障。因此，工程建设方需要一个科学的解决方案来组织管理工程施工，对施工进度、施工资源快速配置和优选，形成合理的组织施工安排，提高经济效益。

1.3.1.5 安全管理

水电水利工程具有施工规模大、周期长、施工人员和施工机械数量多、施工环境多变、施工中不安全因素和外界影响因素多、安全风险大和事故影响范围大等特点。安全管理的对象是风险而不是事故，为了有效防范安全生产事故，把安全生产工作的重心关口前移，变重事故查处为重事前预防，变重事后管理为重事前事中管理，变重结果管理为重效果管理，把安全生产工作的主线确定为风险管理，以危害辨识、风险评估、风险控制、持续改进的闭环管理为原则建设实施安全生产风险管理体系，从落实政府监管主体责任和生产经营单位安全生产主体责任两个层面，有效解决安全生产工作"管什么、怎么管、抓什么、怎么抓"的问题，最终达到风险超前控制和持续改进的目的。

目前，我国在水电水利工程施工领域尚缺乏一套科学、有效的安全生产风险管理体系，造成企业和项目安全生产风险管理缺乏系统性。因此，建立水电水利工程施工安全风险管理平台，创新安全生监管体制机制，提高政府的监管水平和企业自主管理水平，具有十分重要的意义。

1.3.1.6 安全监测

工程安全监测系统集成，是通过数据接口，将工程安全监测数据接入，结合三维模型，实现基于 BIM 的监测数据查询，直观展示监测仪器与建筑物、地质构造之间的相对位置关系。安全监测系统集成能实现监测数据、监测图纸、测点信息等多维数据间的相互联动关系，整合关键信息，促进信息关联与共享。此外，通过工程数据中心的数据处理，及时统计出用户关系的仪器情况、测点关键数值、预警测点等数据，在网页端以直观的方式向用户展示。

1.3.1.7 投资管理

在划分好的工程概算项目基础上，分别以概算项目和合同为主线组织信息，建立概算、预算、合同、支付、结算的关联关系，实现以项目概算为基础，控制预算为目标的投资控制体系，通过合同费用对概算项目费用的分摊，进行基于概算项目的合同、变更、投资计划、统计、付款等事务管理，实现概算、预算项目各种费用的全面归集，全面动态跟踪概算、预算和合同的执行情况，实现过程控制和预警提醒，进行投资完成的统计与分析，达到动态投资控制的目标。

根据系统功能划分，投资管理模块可划分为概预算管理、投资计划管理、投资统计分析、工程财务管理四个子模块。

1.3.1.8 环保水保

环保水保管理模块主要用于确保工程建设过程中的环境和水土保持问题得到及时、有效的解决。该模块实现了对现场环境和水土保持问题的全方位闭环管理，包括"监测-分析-报警-处置"。该模块提供了对项目的环保水保政策、法规、工作亮点、形象照片、施工进度、水保三色评价数据、监测数据等的集成展示。同时，它能提取和展示环水保报告中的关键数据，如三色评价结论、扰动土地面积、植被占压面积等。模块内还具备问题管理功能，能够对水土保持和环境保护的问题进行数字化分类，并形成项目的环保水保检查基础数据。此外，模块为用户提供了一个文件管理中心，集成了环保水保相关的所有文件，如政策法规、经验库、管理制度、监测报告等。

1.3.1.9 物资管理

物资管理模块主要用于对工程现场主要材料（如钢筋、水泥、油料）进行细致管理。该模块包括如下内容。

（1）物资统计。提供物资使用的多维度统计，实时掌握物资流动与消耗。

（2）材料检验。确保进场材料的质量，记录关键信息，如生产厂家、到货日期。

（3）材料领用。系统化管理，确保材料领用有序、透明。

（4）物资台账。实时更新在场材料数据，为管理层提供准确信息。

（5）材料盘点。定期核对物资数量，保证数据与实际相符。

（6）物资配置。作为基础，统一管理原材料类型、供应商、运输车辆等信息。各子模块间紧密关联，如物资配置为其他模块提供基础数据，物资统计与物资台账相互依赖，确保物资供应和使用高效、准确。

1.3.1.10 资料管理

资料管理模块主要用于对项目文件的全生命周期进行高效管理，确保文件的标准化、分类规范化，并实现文件归集和整理的自动化。该模块包括如下内容。

（1）文档目录树管理。提供文件和档案的目录树配置，支持标准分类目录层级，并允许管理员进行目录的新增、修改、删除和查询。

（2）菜单绑定。通过配置业务模块与文件目录树节点的关系，实现业务表单元数据的自动提取和电子文件的自动归集。

（3）文件库管理。文件库中的文件可以由系统内自动归集或由系统外手动上传。支持文件的搜索、查看、添加、修改、删除和批量导入。

（4）预归档库管理。对已上传的文件进行组卷，支持线上组卷和手工上传。用户可以查询、修改、删除、下载和导出组卷文件。

（5）目录树授权。对文件库和预归档库的文件进行权限管理，确保只有被授权的用户或部门可以查看和操作文件。

（6）文件流转规则。定义文件在系统内的流转逻辑，如文件的自动归集、替换、删除和数据更新。

各子模块间紧密关联，如文件流转规则与文件库管理相互依赖，确保文件的连续性和一致性。文档目录树管理为其他模块提供基础数据，目录树授权与文件库管理相互配合，确保文件的安全性和完整性。

1.3.2 智能建造技术应用

水电水利工程涉及的智能建造技术包括智能灌浆、碾压、振捣、温控、拌和楼、进度仿真等。

1.3.2.1 施工进度仿真

水电水利工程通常位于地形地质条件复杂的地区，其施工过程受施工现场的地质条件、施工场区自然环境和水文气候条件等诸多因素影响。为提高施工效率，确保工程进度，需要有先进的技术手段分析优化水电水利工程施工全过程。特别是混凝土高拱坝施工是一个极其重要而又复杂的过程，其主要包括混凝土的制备、水平垂直运输、仓面施工、养护等过程，在施工时按照跳仓跳块的方式循环进行，并受到施工条件、结构设计和气候环境的影响。其施工工期长、混凝土浇筑量大、机械布置困难，浇筑进度受自然环境、结构形式以及浇筑机械与供料能力等诸多因素的影响，并且还要考虑施工导流、度汛、坝体挡水及蓄水发电等阶段目标要求，因此势必带来大坝快速施工和混凝土高强度浇筑等问题，并给高拱坝施工优化设计和动态实时控制提出了更高的要求。因此，如何进行有效的进度计划管理，实现科学的施工组织、合理的资源配置和进度安排，是工程管理人员主要关心的问题。

高拱坝施工是一个非常复杂的随机动态过程，是一个半结构化问题，施工过程受自然环境、结构形式、防洪度汛、机械配套及组织方式等众多因素影响，具有很强的随机性和不确定性，难以通过构建简单的数学解析模型来分析研究，传统的方法凭经验用类比的手段按月升高若干浇筑层和混凝土浇筑强度等指标来控制施工进度，以及常规的依靠人工记录方式分析判断各种混凝土浇筑参数来控制施工质量，不仅耗时、费力，而且缺乏系统的定量计算分析，难以达到工程建设管理水平创新的高要求。因此，有必要采取科学的理论方法和先进的技术手段，综合考虑影响高拱坝施工质量和进度的各方面因素，合理安排坝块浇筑顺序，对多个高拱坝施工方案和机械配置进行快速地比选和优化。通过施工实时控制分析技术来分析研究这类问题具有相当的优越性。随着计算机和系统仿真技术的迅速发展，尤其是系统仿真技术在复杂系统运行中的推广应用，使我们有可能在计算机上实现对混凝土高拱坝施工动态全过程进行仿真试验，预测不同施工方案下高拱坝施工进程的各项定量指标，这对制定合理的高拱坝施工进度计划将提供科学的可靠的决策依据。

当前的高拱坝施工动态仿真研究主要针对高拱坝施工的设计阶段，而对施工过程应用的研究比较少，如何使动态仿真研究成果为高拱坝建设管理服务，高拱坝施工动态实时控制研究显得尤为重要。结合高拱坝施工的关键技术问题，研究面向施工现场的高拱坝施工全过程动态仿真，实时采集工程数据，通过仿真提供信息数据，为大坝施工管理服务，并提出高拱坝快速施工的措施和建议，配合建设期的施工设计与建设管理工作，减少损失，节省投资，社会效益和经济效益十分显著。

在水电水利工程施工进度仿真领域，Jurencha 和 Widmann 在 1973 年第 11 届国际大坝会议上，首次使用仿真技术，对奥地利施立格（Schlegeis）坝进行仿真分析；Halpin（1977）和 Martinez（1994）分别将计算机仿真与网络技术结合起来，对建筑工程混凝土运输进行模拟，发展形成了具有一定通用性的仿真系统软件 CYCLONE 和 STRBO-SCOPE；Kamat et al.（2003）通过记录仿真过程中每个实体各时段的动作状态，实现了施工运输过程的三维动态可视化仿真；Lee et al.（2005）设计了与专家经验知识相结合的厂房施工仿真系统，利用专家的丰富知识来对系统中输入及输出的参数进行有效分析判断，从而实现对厂房施工进度的预测与分析；AbouRizk et al.（1998）针对隧洞工程施工，将各项施工工序模型进行了封装，并用图形化的界面进行表示，开发了隧洞工程施工仿真软件 Simphony. NET，降低了仿真建模的复杂性；Alvanchi et al.（2009）提出将系统动力学与离散事件仿真相结合，其中系统动力学可以实时得到施工资源运行情况，并为离散事件仿真计算分析提供数据；Horenburg et al.（2013）提出采用多 Agent 框架（MAF），根据现场实时采集的施工信息，实现资源智能配置，并在此基础上进行仿真计算分析，实现施工进度计划的优化分析；Song et al.（2014）提出建立了一个基于实时数据采集和动态仿真的框架，在该框架下，实际工程运行的动态数据被实时采集，并用来对仿真模型进行更新，可以有效改善进度计划制定的精度并减少用户仿真建模的负担；Navon（2007）提出了采用实时监控技术，实时获取土石方运输车辆精确位置及时间，精确获取生产效率，实现施工进度实时控制；Golparvar–Fard M et al.（2012）基于现场实时图像及基于工业基础类的建筑物信息模型，建立了施工进度自动监控方法，实现了实际施工进度与计划进度之间偏差程度的实时三维可视化分析。

在国内，20 世纪 80 年代天津大学与中国水电顾问集团成都勘测设计研究院首先对二滩水电站双曲拱坝混凝土分块柱状浇筑开展了计算机模拟分析研究工作，通过对多方案的仿真计算检验，成果符合一般施工规律。近年来，随着一批高坝的开工建设，施工过程仿真分析理论与技术已成为一个研究的热点。翁永红等（2001）针对混凝土坝的施工特点，提出了适用于门塔机、缆机、皮带机及其组合浇筑机械的混凝土施工实时仿真方法，为大坝施工进度合理安排提供了技术支持；罗伟等（2009）构建了基于混凝土生产、混凝土运输及仓面作业的耦合赋时 Petri 网动态仿真模型，优化了碾压混凝土坝施工系统资源配；王仁超等（1995）提出了基于建筑信息模型（BIM）与模型视图定义（MVD）的混凝土坝施工仿真模型，将信息交付手册（IDM）中的信息交互需求以 IFC 数据格式进行表达，并以模块化形式描述各个概念，确保了逻辑与语义的一致性，进而提高了模型信息的可读性；燕乔等（2015）提出了面板堆石坝堆石体施工进度实时仿真方法，并建立了实时仿真分析系统；刘金飞等（2013）采用基于网络的三维可视化离散仿真技术，针对大渡河深溪沟水电站的厂坝施工过程，研发了仿真及进度监控分析系统；钟登华等（2015）将可视化技术、面向对象建模技术、实时监控技术、虚拟现实技术、自适应仿真建模技术、风险分析技术等与系统仿真技术相结合，提出了高拱坝施工进度智能仿真与控制理论及关键技术，为高拱坝施工进度管理决策提供了技术支持。

综合以上论述可以看出，国内外关于高拱坝施工进度仿真研究取得了大量研究成果。国外施工仿真研究的重点近年来逐渐从针对设计方案的施工仿真分析转向面向现场实际施工条件的动态仿真分析，研究更加强调如何提高仿真模型的适应性和可靠性，并结合施工仿真、风险分析等方法进行现场施工进度的动态控制与管理，取得了一些研究成果。国内高拱坝施工进度仿真研究总体上从面向设计阶段以辅助施工组织设计方案制定与优化为目的，转为面向施工阶段以现场施工进度动态控制为目的，大体经历了从数字仿真、可视化仿真、虚拟交互仿真到智能仿真四个阶段。目前，天津大学正在开展高拱坝施工进度智能仿真与施工进度风险分析相关研究与工程应用，并取得了一定的科研成果。高拱坝施工进度仿真研究总体发展趋势如图 1.3-1 所示。

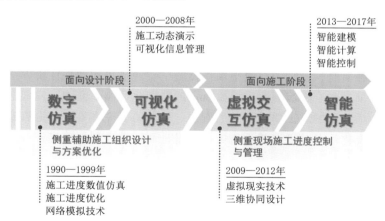

图 1.3-1　高拱坝施工进度仿真研究总体发展趋势

1.3.2.2　智能拌和楼

混凝土拌和生产中存在监管不严格、原材料质量检测反馈不及时、试验室混凝土配合比与施工期现场环境差异性大导致的大坝施工所需的配合比不相符、施工过程中混凝土配合比动态调整不及时以及操作不规范和管理缺陷等问题严重制约了混凝土生产质量。

拌和楼中混凝土生产及运输过程对混凝土浇筑质量至关重要。实现智能拌和楼主要采用物联网技术，对混凝土砂石骨料含水率进行快速检测分析，对混凝土拌和生产过程进行信息采集与分析，对自卸汽车、皮带运输机、布料机、门机等混凝土运输机械的实时监控等关键信息进行实时监控与统计分析，对可能出现的问题进行实时反馈控制，保证混凝土生产质量与运输管控效率。

1.3.2.3　智能振捣

混凝土振捣是大坝施工中关键环节，振捣质量直接影响混凝土坝长期运行中的安全性及稳定性。如何有效保障混凝土振捣质量，智能振捣指明了解决方向。智能振捣是以物联网技术、人工智能技术等为手段，通过实时全面感知振捣作业信息，对混凝土振捣质量进行智能分析与反馈控制，确保仓面混凝土振捣施工质量。

目前智能振捣研究主要包括振捣信息可视化和振捣质量反馈控制等方面。在振捣信息可视化研究方面，国内外学者多以单个插入式振捣棒为对象，通过对振捣设备进行定位监控，开展混凝土智能振捣的研究。如 Burlingame（2004）根据施工过程中振捣棒的温度显著高于其周围混凝土温度，采用热成像法监控振捣棒的移动轨迹，实现了对振捣信息可视化的初步探索。Gong et al.（2015）利用 UWB 定位技术，提出了一种混凝土振捣效应实时监控方法，提高了定位精度，实现了振捣棒移动轨迹的实时精确追踪；以振捣持续时间反映振捣能量的累积，通过占据栅格法实现了考虑振捣能量传播过程中衰减效应的振捣施工过程的计算机可视化展示。Tian et al.（2014）基于 GPS 动态跟踪的振捣施工可视化监测系统，通过集成 GPS 以及传感器等设备，实时监控振捣轨迹、振捣时间和插入深度等振捣质量参数的监控以及其可视化表达。以上研究对混凝土智能振捣进行了有益的探索，然而大体积混凝土振捣密实机理复杂且振捣质量难以及时定量分析，因此有必要进一步研究振捣质量的智能分析，从而实现现场施工质量进行有效控制。

在振捣质量反馈控制中，通常采用事中人工经验判断和振捣过程预警以及事后钻芯取样检测的方法。如何在事中及时且定量反馈控制混凝土振捣质量的研究仍处于空白状态。目前，在智能大坝理论与技术的基础上，钟登华等（2015）建立了振捣质量智能监控数学模型并研究出一种实时、连续的混凝土坝振捣施工质量监控和动态评价方法，以实现振捣施工参数的准确采集和全仓面混凝土振捣质量的精细化控制，突破了常规的数字化监控方式，确保混凝土坝工程的施工质量。综上所述，目前的研究多集中于振捣施工过程的监控以及其过程的可视化，及时且有效评估振捣质量进而反馈控制振捣过程等方面内容仍有待进一步研究。

1.3.2.4　智能温控

裂缝控制一直是大体积混凝土施工的难点之一。温控防裂的理论研究与工程实践，最早始自 20 世纪 30 年代，经过数十年的发展，工程界已逐步建立了一整套相对完善的温控防裂理论体系，形成了较为系统的混凝土温控防裂措施，包括改善混凝土抗裂性能、分缝分块、降低浇筑温度、通水冷却、表面保温等，但"无坝不裂"仍然是一个客观现实。混凝土裂缝产生的原因复杂，主要为结构、材料、施工等方面，其中一个重要原因是信息不畅导致措施与管理不到位，即信息获取的"四不"——不及时、不准确、不真实、不系统。此外，设计阶段的基本资料参数有时同实际相差较大，需要不断地对设计进行优化调整；同时，在施工阶段，施工质量往往受现场工程人员的素质影响较大，产生与设计状态较大的偏差，导致温控施工的"四大"问题，即：温差大、降温幅度大、降温速率大、温度梯度大，最终导致混凝土裂缝的产生。

信息化、数字化、数值模拟仿真、大数据等技术的迅速发展为大坝温控防裂的智能化提供了机遇。中国水科院等单位针对大体积混凝土温控施工及数字监控存在的问题，提出了"九三一"温度控制模式："九"是九字方针，即"早保护、小温差、慢冷却"；"三"是三期冷却，即"一期冷却""中期冷却"和"二期冷却"；"一"是一个监控，即"智能监控"。通过"九三一"温度控制模式，配合智能化控制可有效解决"四不"、控制"四大"；采取温控跟踪反馈仿真分析可以对设计和施工进行实时跟踪、优化、调整和反馈，从根本上达到混凝土温控防裂的目的。

1.3.2.5　智能灌浆

从技术和管理的角度出发，智慧管理系统的建造已是必然趋势。水电站渗控工程施工作业往往空间较为狭窄，环境复杂，属于隐蔽工程，质量、安全管控难度大，采用最新的泛在物联网软硬件技术，可以全程、全面、系统地用数字展现整个智能施工过程，使基础处理行业施工真正成为"隐蔽工程，阳光作业"。

数字孪生（Digital Twin）是充分利用物理模型、传感器更新、运行历史等数据，集成多学科、多物理量、多尺度、多概率的仿真过程，在虚拟空间中完成映射，从而反映相对应的实体装备和工程的全生命周期过程。通过数字孪生，可以对整个渗控施工过程的之前、之中、之后，做一套完整的数字映射系统，让水电站渗控工程变为全程可溯源的透明工程。

渗控工程智能建造系统的优势主要体现在以下三点。

（1）提升水电站渗控工程施工智能化水平。该系统紧密结合钻孔、灌浆施工技术，利用成套软硬件整体实现渗控工程施工智能化，提高了可靠性，实现了无纸化办公、在线验评、实时监控、在线专家咨询，提升了渗控工程处理技术水平。

（2）提高渗控工程施工的安全性。通过渗控工程施工集控平台的建立，提高了制浆、输浆、配浆、灌浆施工过程的智能化水平，有利于施工过程的安全管控。

（3）有利于降低施工成本。通过集控平台的建立，可有效实现对制浆、输浆、配浆、灌浆的全自动化控制、调节、量测以及可视化的生产运行管理。在集控平台的工作模式下，现场操作人员的工作强度减少；通过精准的调度系统，可大大降低水泥等材料的损耗，整体节约施工成本。

第2章　杨房沟水电站数字化技术应用体系

基于复杂水利水电工程总承包建设管理模式，杨房沟水电站工程构建了覆盖全工程、全要素、全过程和全参建方、多层级的智能建设管理平台，建立了1个数据中心、2个数字化协同设计平台、N个智能建造子系统的"1+2+N"数字化技术应用体系，如图2.0-1所示。杨房沟水电站工程应用"1+2+N"的管理模式开展工程数字化建设管理，取得了良好的效果。

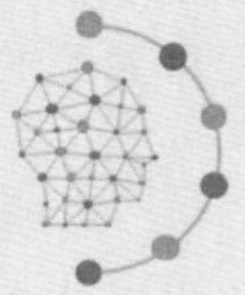

"1+2+N"数字化技术应用体系	1 个 中 心	2 个 平 台	N 个 系 统
	工程数据中心	一体化三维协同设计平台	测绘三维地理信息系统
			地质三维勘察系统
			枢纽三维设计系统
			工厂三维设计系统
			三维模型工程编码系统
			全信息三维模型展示系统
			……
		数字化建设管理平台	综合管理信息系统
			设计施工BIM管理系统
			大坝混凝土智能温控系统
			大坝混凝土振捣质量实时监控分析系统
			大坝灌浆实时监控分析系统
			档案管理系统
			……

图 2.0-1　"1+2+N"数字化技术应用体系

2.1　工程数据中心

随着工程信息化和数字化工作的不断深化，在整个工程的建设周期中部署了许多业务应用系统，这些应用系统覆盖了从工程设计、建造、采购、施工和运行维护等工程全过程。但美中不足的是各个应用系统皆为独立的系统，各个系统相互之间没有信息的交互和关联。这使得大量数据和信息需要多次整理、二次甚至三次输入到不同的系统，而不能实现自动的传输和更新；此外，由于多个系统的数据不一致或者不同步，也给运行管理过程中的各项工作造成了很大不便。

为进一步提升杨房沟水电站工程建设期的工作效率和质量，加强工程建设期各个业务系统之间的交互和关联，打破工程"数据孤岛"，使得各个独立应用系统通过工程数据中心实现数据的共享、集成和无缝连接，杨房沟水电站建立了跨地域、跨系统的BIM工程数据中心，为业务系统的集成奠定了基础。BIM工程数据中心结构如图2.1-1所示，它有机关联工程中所涉及的各类相关数据、信息、图纸、资料和三维模型等工程内容，并以统一格式存储与工程相关的所有数据，构建工程文档与工程数据之间的关联，最终形成了覆盖全工程项目范围的工程数据。BIM工程数据中心既为各业务系统提供信息服务，又为后期水电站全生命周期管理提供了数据基础。通过工程数据中心对工程建设期海量数据的存储、处理和挖掘，真正实现了工程数据的流动、共享与增值，打破了传统管理模式下的"数据孤岛"，使得参建各方之间的沟通更加协同、有效，有效提高了水电站工程的建设管理水平。

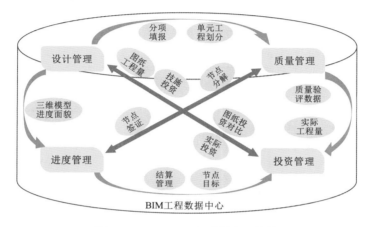

图 2.1-1　BIM 工程数据中心结构

2.2　三维协同设计平台

基于 MicroStation、SQL Server、ProjectWise 等基础软件，研发了水电水利工程三维数字化勘测设计平台（HydroStation 平台），如图 2.2-1所示。按工程专业领域划分为四大系统：测绘三维地理信息系统、地质三维勘察系统、枢纽三维设计系统和工厂三维设计系统，各系统之间具有密切的关联，设计成果需要相互参考。

四大系统涵盖子专业如下。

（1）测绘三维地理信息系统。涵盖测绘、观测等专业。

（2）地质三维勘察系统。涵盖勘探、试验、物探、地质、岩土等专业。

（3）枢纽三维设计系统。涵盖坝工、引水、施工、厂房、建筑等专业。

（4）工厂三维设计系统。涵盖厂房、建筑、水机、电气、暖通、金属结构等专业。

HydroStation 平台不仅覆盖四大系统的专业应用环境以提高设计的单点效率，还以 ProjectWise＋MicroStation 软件构建以"协作"为中心的协同工作平台，使四大系统能够高效地进行协作，同步提高企业整体设计效率。

该工程依托杨房沟水电站，基于 HydroStation 三维协同设计平台和 ProjectWise 协同工作平台，构建了杨房沟水电站工程地质、工程枢纽和工厂三维精细化模型，实现了原生设计模型（非压缩转换）的轻量化发布，并且基于 B/S 架构实现了模型浏览、双向查询、定位、漫游等功能，有效解决了三维模型轻量化发布时信息损失的问题，支撑设计信息到

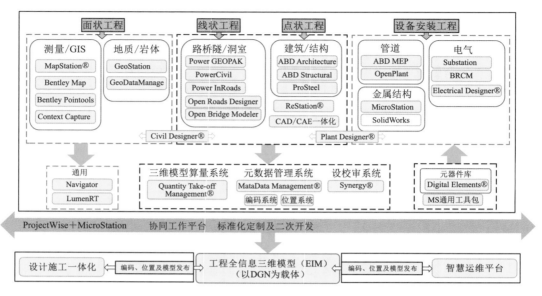

图 2.2-1 水电水利工程三维数字化勘测设计平台架构图

施工管理信息的无缝对接。结合项目划分、施工进度、质量验评等实际工程数据，利用数字化手段首次实现了大型水电工程 EPC 项目基于 BIM 的工程进度、质量、投资、安全等维度的综合管理，通过"多维 BIM"技术实现了对工程建设的可视化动态管控。

2.3 数字化建设管理平台

数字化建设管理平台基于大型水电工程 EPC 项目建设管理的特点和难点，从数字化业务管理、智慧工地、智能建造三个维度构建全要素数字化管控场景。其中，数字化业务管理紧扣进度、质量、安全、投资及文档五大控制性业务，实现覆盖全工程、全要素、全过程和全参建方的高效协同管理。智慧工地围绕"人、机、料、法、环"五大核心要素，基于物联网等现代化技术，以工地可视化、管理实名化、监测实时化、应用智能化为目标，多维立体保障工程现场管理安全、高效。智能建造技术融合物联网技术和"感知-分析-控制-反馈"管理模式，以实现机械控制自动化、控制决策科学化、精准化，实现机械化换人、自动化减人的目标，提升施工质量精细化管理水平。

项目紧密围绕水利水电行业发展和档案行业电子文件单套制归档趋势，直面项目建设过程中存在的文件归档滞后、反复整改、效率低、成本高、专业多、时间长、数据量大等问题，基于设计施工 BIM 管理系统从开挖支护、混凝土浇筑到金属结构、机电安装全专业、全过程创新采用电子化质量验评，极大提高了其规范性、准确性和及时性。首次建立了水利水电项目档案文控全过程体系和电子文件归档技术与标准，确保了跨业务系统电子文件及元数据归档的真实、完整、准确、安全、高效。无纸化质量验评技术（图 2.3-1）的推进将工作时间缩短 75%，电子文件"单轨制"在线归档技术（图 2.3-2）节省人力资源 48 人/年、纸质文件打印 1200 万张。

（a）技术流程　　　　　　　　　　　　　（b）应用情况

图 2.3-1　无纸化质量验评技术

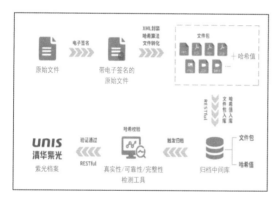 

（a）技术流程　　　　　　　　　　　　　（b）应用情况

图 2.3-2　电子文件"单轨制"在线归档技术

第3章 工程数据中心

3.1 工程数据中心的结构

工程数据中心是一个"库＋服务"的集群，主要由主数据库、主文档库、缓存文档库、业务数据库、数据服务总线组成。

（1）主数据库用于存储和管理系统数据和工程主数据。系统数据包括系统运行所需要的用户、角色、权限、流程、主数据模板等；工程主数据包括各个工程对象的数据条目、工程分解数据条目、文档条目、人员条目等。主数据库采用ArangoDB，支持灵活的数据模型，比如文档Document、图Graph以及键值对Key－Value存储。ArangoDB同时也是一个高性能的数据库，它使用类SQL查询或JavaScript扩展来构建高性能应用。

（2）文档库分为主文档库和缓存文档库。其中主文档库用于存储和管理系统正式文档，包括图纸、报告、施工计划、质量验评文件等；缓存文档库用于存储和管理用户输入的或通过接口获得的临时文件。

（3）业务数据库用于存储和管理各业务模块的专用数据或其他系统接入的数据。本书系统设置两个业务数据库，具体见表3.1－1。

表 3.1－1　　　　　　　　　　　　工程数据中心业务数据库

数据库	业务数据库一	业务数据库二
用途	存储和管理进度、质量、工程量、投资信息	存储和管理水情、温控、视频、安全监测等镜像或缓存数据
数据库系统	Oracle	Oracle

（4）数据服务总线对内支撑各业务系统的数据访问和调用，对外提供数据服务，本书系统采用Zato企业服务总线技术实现。

3.2 工程数据中心的逻辑层

工程数据中心可分解为三个层次：数据建模层、数据控制层、数据服务层。

1. 数据建模层

在数据建模层建立水电站全厂数学模型（图3.2－1），包括水工建筑物、厂房以及各系统、设备等的分解结构；管道、电缆、控制等线状系统的拓扑关系；物理空间、功能空间等的空间拓扑关系；文档资料，包括各种规范，由设计单位、设备供应商、安装调试单位、外协团队等提供的资料（三维模型、图纸、计算书、设备手册等）；物理资产、功能系统与文档的关联关系；物理资产、功能系统与空间的关联关系；物理资产、功能系统与人员、团队的关联关系；空间与文档的关联关系；文档与文档的关联关系。

2. 数据控制层

在数据模型建立后要对数据模型中存储的信息的变化加以控制以确保数据模型中存储的信息完整、真实、可信、清洁、唯一。信息完整性控制层实现了以下功能：

（1）对数据模型中信息的变更过程进行控制，能根据规范制定变更的控制流程。

图 3.2-1 数据建模

（2）对数据模型中所存储和管理的对象之间的关系进行有效的管理。

（3）对信息访问、变更等权限进行控制。

（4）能通过角色来管理使用数据模型的用户。

（5）用户对数据模型的操作要有详细的历史记录。

3. 数据服务层

数据服务层是数据模型为用户或外部系统提供信息服务的窗口，所提供的信息服务包括：信息的整理转换、信息的物理输出、通过扫描/OCR 输入历史数据、通过门户发布信息、通过 ESB 总线或者接口为其他系统提供信息。

3.3 工程数据中心的服务

为了能够将所有的数据关系都能够实现，并且支撑所有业务子系统的运行，根据子系统的功能需求建立工程数据中心的数据服务。包括主数据服务、编码服务、静态文件存储服务、三维模型展示服务、系统集成和数据发布服务。

3.3.1 主数据服务

工程数据中心的主数据服务内容包括工程设计阶段、施工阶段和运维阶段的关键数据。工程设计阶段包括勘测设计资料、工程对象的系统、模型、招投标文档等资料，依据设计资料可以形成工程数据中心的所涉及的一系列的结构化数据对象。施工阶段则涉及工程合同、工程采购、设备的功能技术资料等内容。当工程项目建设完成后，由建设期过渡到运维阶段，前期设计、施工的资料都应按照数字化移交标准形成一个完整的"数字化电站"，同时将物理电站移交给运维方，后续数字化电站在运维过程中，建设方仍将涉及机电设备的修补替换、缺陷处理等工作内容，这一系列的工程数据都将成为工程数据中心的核心数据，并且按照工程数据中心的建立原则进行存储。整个过程中主数据涵盖的主要工程内容如图 3.3 - 1 所示。

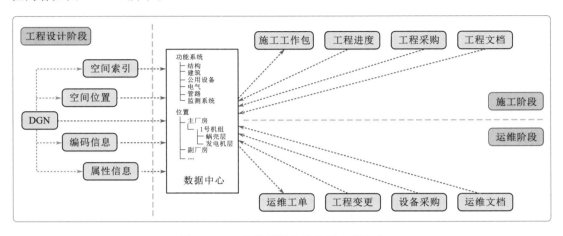

图 3.3 - 1　主数据涵盖的主要工程内容

为了能够将涵盖的工程内容都能够以一定的规则形成标准化的数据，通过 OGM 映射模型将工程数据中心主数据内容映射为 OGM 对象，其分类见表 3.3 - 1。

表 3.3 - 1　　　　　　　　　　　　OGM 对 象 分 类

序号	对象类型	对 象 描 述
1	ClassObject	ClassObject 是主对象的基础对象（Principal），以下所有对象从该类继承。该类包含最基础的属性信息，ClassObject 包含了最基本的序列化和反序列化策略
2	Document	由于 DP 平台采用外部 DMS 系统，如 ProjectWise 系统。Document 的元数据信息由 DP 平台本身进行存储和管理，而实际的 File 对象的存储则是由 Document 所关联的 Location 来确定，见 Location 对象描述
3	Location	Location 对象有两个分类： （1）基于二三维空间的位置，如主厂房水轮机层。 （2）抽象的位置，如电子文档的位置，这通常反映的是文档管理系统的文件夹路径，以 ProjectWise 为例，如 PW：\ Documents \ ProjectA \ 主厂房 \ 水轮机层
4	VirtualItem	虚项，用于描述抽象类对象，如需求等
5	VirtualItemGroup	虚项集
6	Tag	数据对象
7	PhysicalItem	物项
8	SerialItem	序列化的物项
9	Template	模板
10	Project	工程项目
11	Organization	组织
12	Person	人员
13	WorkTask	工作任务
14	ChangeRequest	变更请求

序号	对象类型	对象描述
15	Attribute	Attribute 对象分为两类： （1）基本属性，即通过内置数据类型定义的属性，如 Int、String 等类型的属性信息； （2）对象属性，通过关系（Relationship）建立的属性，该属性的显示方式遵循 Notion Schema 的约定
16	Relationship	关系
17	Folder	文件夹
18	Skill	技能，一般代表一类角色，用于发起特定的流程
19	DelegateObject	代理对象，所有引用对象均基于该对象创建

在全生命周期中描述结构化数据时，首要描述虚拟的结构化数据，按照其功能分层级描述，层级的划分和 KKS 中的规定几乎完全一致，如图 3.3-2 所示。

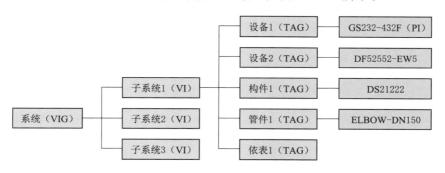

图 3.3-2　结构化数据设计

图中蓝色部分的内容由工程/产品设计决定，红色部分由物资库中备选物资决定。

另外，以上所有的对象都具备属性，除了名称、描述、编号等基本属性外，还具备很多特定的属性，如基本属性、技术参数、采购属性、安装属性、动态属性、管理属性等。一般情况下，属性的数量从左往右越来越多，越来越细。

（1）基本属性。指对象最为基础的属性，如名称、KKS 编码、描述等。

（2）技术参数。指该系统/对象的所有技术性能参数，如压力等级、管径、材料等。

（3）采购属性。指所有与采购、生产相关的属性，如生产厂家、采购时间、采购价格等。

（4）安装属性。指所有与安装相关的属性，如安装时间、验收人、验收时间、调试等。

（5）动态属性。指所有非静态的实际参数，如开关状态、读数等。

（6）管理属性。指所有的运行管理属性，如负责人、检修频次、检修记录等。

3.3.2　编码服务

编码服务用于工程项目中编码管理，解决工程编码中编码类型不一、编码规则各异、编码工程约定难以维护的问题，并将编码资源发布，为其他系统提供编码服务。编码系统特点如下。

（1）系统由编码服务、项目编码管理系统和客户端三层架构组成（图 3.3 - 3）。

（2）功能与业务相分离，针对不同的应用场景，对应不同的第二层或第三层实例。

（3）编码开放 RESTful API，采用 OAuth 2.0 授权机制。

（4）编码管理需求抽象为编码类型、编码规则、编码工程约定和具体编码的管理功能，使系统能够管理多种类型的编码，并易于扩展。

编码系统的三层架构实现了基于项目的编码管理和维护，以及编码资源发布。其中，编码服务由元数据管理、编码管理服务、数据存储和辅助管理四个模块构成，项目编码管理系统由业务应用和编码资源管理两个模块构成，客户端由编码托管平台和编码工具集两部分组成。

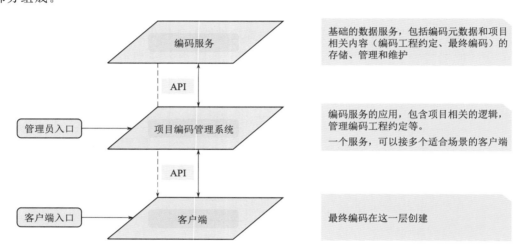

图 3.3 - 3　编码系统逻辑结构

3.3.3　静态文件存储服务

静态文件存储服务是为工程数据中心业务系统提供文件的存储和网络托管功能的服务。主要实现方式是将文档、图片和视频等各类文档存储于云端服务器的文档系统中，并通过文档数据中心发布出来的网页界面，将云端服务器中的各类文档资料以资源的形式基于 HTTP 协议进行对外开放，使得文件能够以文件流的形式基于网络传输。在此基础上，各业务子系统的文件存储、预览、下载等功能都基于此文件服务，从而实现各业务子系统在网页端的文件处理操作。静态文件存储服务功能结构如图 3.3 - 4 所示。

3.3.4　三维模型展示服务

基于 B/S 架构的 DgnDb 三维模型展示服务是以 DGN 原始文件为模型数据，基于 Bentley DgnDb 技术开发的、能在网页上实现模型浏览、双向查询、定位、漫游等功能的轻量级解决方案。通过模型转换工具，将 DGN 模型转成 iModel 格式的文件，并开发基于 MFC 的 ActiveX 插件作为视图框架。iModel 是基础设施信息进行开放式交换的载体，是为了解决信息和共享的问题而产生的，它基于 Sqlite 数据库创建并扩展，支持标准 SQL 语句查询及图形文件查询，能够提升现有网页端或移动平台数据的展示及查询。网

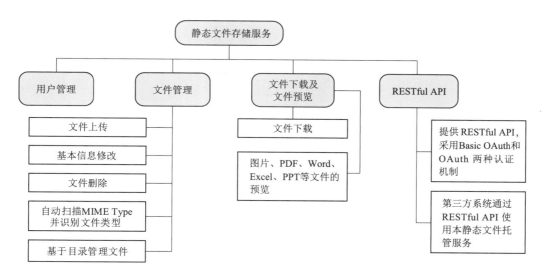

图 3.3-4 静态文件存储服务功能结构

页端基于 ActiveX 插件的三维 DGN 模型展示如图 3.3-5 所示。

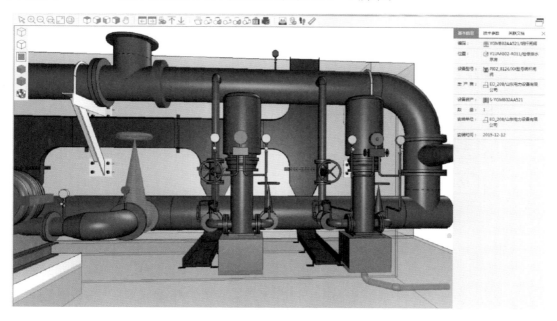

图 3.3-5 网页端基于 ActiveX 插件的三维 DGN 模型展示

3.3.5 系统集成和数据发布服务

工程数据中心作为基础的信息存储和集成的平台，其主要职责是为工程建设、运行各系统提供数据服务，因此，工程数据中心与其他系统之间进行频繁的信息交互是工程全生命周期管理系统必备的重要功能之一，工程系统集成框架采用 Zato 企业服务总线（ESB）技术实现，如图 3.3-6 所示。

Zato 是一个用 Python 编写的 ESB 和应用服务器（图 3.3-7），是轻量级但完整的平

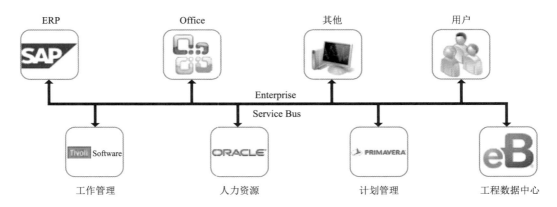

图 3.3-6　基于 ESB 的异构系统集成

台，它涵盖了架构师、程序员或者系统管理员的所有视角，对许多特性提供开箱即用的支持，包括 HTTP、JSON、SOAP、SQL、AMQP、JMS、WebSphere MQ、ZeroMQ、Redis NoSQL、FTP、基于浏览器的 GUI、CLI、API、安全、统计、作业调度、负载均衡和热部署。

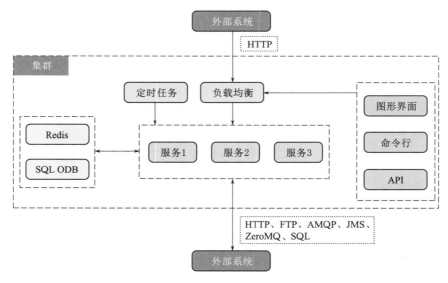

图 3.3-7　Zato 逻辑架构图

　　通过该企业服务总线（ESB）能够全面、及时、准确采集与存储来自各业务系统，如生产、工程、营销、财务等系统的数据；实现异构数据库（如 Oracle、SQL Server、Sybase、DB2 等）数据资源的统一；且能够合成出一个按照主题组织的、有更多关系的可用于决策支持的数据集。

　　数据发布功能以 RESTful API 为载体，所有需要被发布的内容都分解成 JSON 格式的资源，每个资源都有至少一个 URL 与之对应，从而实现了资源的发布；对于内容的使用，内容的增删查改功能分别对应了 HTTP 中的 POST、DELETE、GET 和 PUT（或

PATCH）方法，所有的操作对应的都是 HTTP 规范的统一接口，因此承载这些发布内容的 API，可以与任意编程语言直接交互，具有跨平台的特点，在移动终端也能方便使用；由于内容以 JSON 格式进行表达，资源解析简单迅速，优化了内容发布功能的使用效率。在数据安全性上，采用 OAuth 认证机制，能够避免客户端/用户认证信息的泄露，进一步保障了内容发布功能的健壮性。

第4章 三维协同设计

4.1 一体化三维协同设计平台

4.1.1 平台概述

计算机的出现标志着人类进入了信息时代，计算机本身作为信息工具已在各个领域提高了人们处理事务的速度，成为信息存储与传递无可替代的角色。CAD的出现结束了手工制图的历史但并没有带来彻底革新的局面，三维空间仍被辅以若干个单向投影视图来描述，或以实体模型来补充，这种情况一直持续到BIM的出现。BIM与其说是一个系统不如说是一种模式，它对传统设计模式的改变超过了其作为一个工具的价值，这个过程通常被称为"三维协同设计"。

随着社会的发展，进入当前的网络时代，企业信息化管理大大提高。传统的办公模式极大地束缚了人的创造力和想象力，使人们耗费了大量的时间和精力去手工处理那些繁杂、重复的工作。手工模式已无法满足新形势下发展的需要，人们需要利用协同办公平台来提高企业的办公效率。

对于非设计类企业的协同，首先想到的可能是企业内部集成办公平台，如企业OA管理系统。它将日常办公流程审批等繁杂性事务集中到管理平台上进行，大幅度降低了线下沟通成本，规范了业务流程，提高了日常办公工作效率。

对于设计企业而言，除上述关注点外，更加注重设计过程中的协同办公。从传统的手工绘图过渡到计算机辅助二维制图阶段，生产效率有了相当大的提高，但一直无法很好地解决工程项目上下游专业设计图纸及时有效沟通的问题。经常遇到上游专业将设计工期拖延，导致下游专业设计工期严重被压缩的情况出现。为避免这种情况的产生，急需一个平台将多专业的设计图纸进行整合存储，二维协同设计平台应运而生。

伴随着传统的计算机辅助设计软件不断升级，功能不断增加，传统二维设计工作形式已很难满足目前的需求。传统的二维设计图纸很难直观地体现出工程实际情况，经常出现错漏碰缺和扯皮的现象。三维设计软件很好地解决了这一问题，基于三维模型可以更加直观地查看各个专业之间是否存在错漏碰缺，大大地提高了设计效率，减少返工率。

三维设计的出现对协同设计平台有着更加高标准的要求。三维模型的体量要远远大于传统的二维图纸，这就要求三维协同设计平台必须具有短时间内的大数据存储和流通的功能，不仅要将项目中所创造和累积的知识加以分类、存储以及供项目团队分享，并且还作为后续企业知识管理的基础。

4.1.2 平台类型

针对当前主流三维设计平台现状，结合水利业务类型及行业应用情况，对比了 Autodesk、Bentley、Dassault 三家公司的基础图形软件平台，并深入了解不同平台所具有的优势与不足。

1. Autodesk 公司平台

Autodesk 公司于 1982 年成立，是世界领先的 CAD 设计软件和数字内容创建公司，提供设计软件、Internet 门户服务、无线开发平台及定点应用，产品可用于建筑设计、土地资源开发、生产、公用设施、通信、媒体和娱乐。在建筑数字设计市场，Autodesk 公司的市场占有率较高。

Autodesk Revit 是一套建筑信息模型软件，涵盖建筑设计、结构、水暖电工程以及土木与基础领域，其解决方案优势在于能够创建和使用先前协调好的信息。在这种新型工作方式下，人们可以更快速地制定决策、更出色地完成各种成果，并在尚未动工之前预测建筑的性能。

Vault 是 Autodesk 公司的一款设计协同管理平台，管理的对象是文档、人员权限、文档版本、提资及审批流程等。Vault 能够安全且集中地整理、管控和跟踪项目数据，帮助团队创建和共享设计及工程设计项目信息。便捷的管理流程支持用户全面控制数据访问权限和确保数据安全性，以及在团队多专业设计的基础上满足多领域、多专业之间的协调工作需要。工程设计工作组能够随时间推移快速管理设计并跟踪变更，在不干扰现有设计工作流的情况下提高工作效率。同时 Vault 还可以直接实现全生命周期管理和控制流程管理，从而缩短设计周期，提高工程设计数据的质量。Vault 在民用建筑领域的地位更为突出，所有的文件和关联数据都存储在服务器上，项目参与人员都可以访问该信息及其历史信息。

2. Bentley 公司平台

Bentley 公司的 MicroStation 软件平台，是一个全三维内核的三维、二维兼容软件系统，主要针对工程设计、施工与基础设施建造、运营。该平台的专业软件产品线较长，几乎覆盖水电工程设计行业各专业，并可进一步延伸至其他工程设计领域。在土木工程、建筑工程、工厂与地理信息市场上占有率较高，在美国的国际工程权威杂志《工程新闻记录》（*Engineering News - Record*）的世界 500 强企业评比中，前 10 强企业均为 Bentley 的用户。MicroStation 的文件格式 DGN，被众多国际工程公司所采纳，是国际工程界流行的工程数据格式。

ProjectWise 是一款能够为内容管理、内容发布、设计审阅和资产生命周期管理提供集成解决方案的系统。它为工程项目内容提供了一个集成的协同环境，可以精确有效地集中管理各种 A/E/C 文件内容，将已有的工作标准与管理制度以及各种项目数据在设置的时间段推送到相应人员手中。通过良好的安全访问机制，它使项目各个参与方在一个统一的平台上协同工作，改变了传统分散的交流模式，实现信息的集中存储与访问，从而缩短项目的周期，增强了信息的准确性和及时性，提高各参与方协同工作的效率。

3. Dassault 公司平台

CATIA 是法国 Dassault 公司的 CAD/CAE/CAM 一体化软件，居世界 CAD/CAE/

CAM 领域的领导地位，广泛应用于航空航天、汽车制造、造船、机械制造、电子电器、消费品行业，它的集成解决方案覆盖所有的产品设计与制造领域，其特有的 DMU 电子样机模块功能及混合建模技术更是推动着企业竞争力和生产力的提高。与其他的 CAD 软件相比较，该软件在曲面造型方面具有独特的优势，因而广泛应用于航空航天、汽车、船舶等行业的复杂曲面造型设计中，2010 年前后开始在多个水电工程项目的三维设计中应用。

ENOVIA 是 Dassault 系列产品之一，它可以把人员、流程、内容和系统联系在一起，能够带给企业巨大的竞争优势。通过贯穿产品全生命周期统一和优化产品开发流程，ENOVIA 在企业内部和外部帮助企业轻松地开展项目并节约成本。这种适应性强、可升级的技术帮助企业以最低的成本应对不断变化的市场。ENOVIA 贯穿整个工业领域能够满足业务流程需要，可以用来管理简单产品或工程复杂程度高的产品。其部署可以从小型开发团队直到拥有数千名用户的扩展型企业，其中涵盖供货商和合作伙伴。相较于其他两个平台而言，ENOVIA 更擅长机械领域的协同设计，可以实现对产品数据进行集中统一管理的流程控制，确保在各阶段数据的完整性、正确性、有效性和一致性。

4.1.3　平台选择

1. 选择思路

三维协同设计平台的选型应该依据本行业工程的特点进行。水电工程的设计有别于普通意义上的土木工程设计，具有工程体量大、专业涉及面广、标准化程度低、协同配合要求高等特点。在设计过程中涉及测绘、地质、土木、建筑、机械、给排水等 20 余个大小专业，各个专业间的配合十分密切且有着频繁的数据交互，对设计成果共享要求较高。另外，水电站往往建造于崇山峻岭之中，所处地形地质条件十分复杂，因此测绘、地质专业在整个设计过程中扮演着十分重要的角色。

2. 选择原则

（1）图形平台性能。作为承载三维设计数据的具体对象，图形平台的性能很大程度上决定了选型对象是否能满足相关行业工程的设计使用需求。

（2）二维绘图能力。二维绘图是复杂设计图形生成的基础，图形平台应该能很好地支持基本二维图元点、线、圆弧、曲线等的生成，同时能够支持文字标注和几何图形标注。

（3）三维造型能力。三维造型能力是衡量图形平台优劣的重要技术标准。优秀的图形平台三维造型能力应满足以下需求。

1）支持三维图素的生成与修改。

2）支持复杂曲面的生成。

3）支持三维图素的布尔运算。

4）支持辅助坐标系定义。

5）支持多视图处理功能。

6）支持透视图的生成（相机、焦距、视野的定位）。

7）颜色及各种复杂材料样式的渲染处理能力。

8）具备三维计算能力，如体积、质量、曲面面积、重心等计算。

9）支持三维空间中的捕捉、定位、搜寻等。

（4）模型承载能力。采用三维设计技术完整地描述水电工程，要求平台能够承载数万个甚至更多的复杂三维图元，并能够进行流畅展示，效率必须达到绝大多数设计人员可以接受的程度，以保证多专业三维协同设计的正常进行。

图形平台的模型承载能力上限是否满足使用需求，是平台选型的决定性因素之一。同时从控制硬件成本和易于推广的角度考虑，还需要评估不同厂商平台在满足模型承载要求的前提下，对于电脑硬件配置的要求差异。

（5）专业涵盖范围。三维协同设计平台所能覆盖的专业范围，以及对主要专业支持的程度，是影响平台选型的重要因素，具体可以从以下三个方面进行评估。

1）平台必须提供通用专业的三维设计解决方案，且方案综合效能必须达到主流水准。通用专业包括：建筑、厂房、给排水、暖通等。

2）平台必须提供水电工程设计重点专业的设计解决方案，且方案综合效能必须满足水电工程设计较高的使用需求，这类专业包括：勘测、地质、坝工、引水、水机、电气等。

3）平台应尽可能多地覆盖本行业设计所涉及的其他专业，此类专业包括：金属结构、观测、建筑、道路、桥梁、施工、规划、移民、景观等。

（6）数据流转效率。由于水电工程参与专业众多，而每个专业都可能选择不同的三维设计软件进行工作而产生各种不同格式的文件。多专业的协同设计必然带来专业间的数据频繁交换，因而不同专业设计文件间的数据流转效率也是平台选型需要考虑的指标。

（7）协同设计难度。既然是三维协同设计平台的选型，如何实现多专业协同以及实现协同的难易程度，也是选型的重要考虑因素。从协同的角度所选平台应满足以下要求。

1）具备协同平台，满足所有设计专业人员同时开展设计工作。

2）基于协同平台，能够实现对海量设计信息的高效统一管理。

3）基于协同平台，能够实现各专业间及专业内设计信息的高效传递。

4）不局限于设计人员，其他如校审和管理等不同角色人员能够基于协同平台实现各自的工作。

4.1.4 华东院一体化协同设计平台解决方案

华东院一体化协同设计平台，是由中国电建集团华东勘测设计研究院有限公司（简称华东院）基于 MicroStation、SQL Server、ProjectWise 等基础软件，采用 C、C++/C#、SQL 等开发语言，自主研发构建的工程数字化勘测设计应用软件系统，包括基础服务、三维设计应用等软件子产品。该平台自 2005 年启动研发，2008 年开始在白鹤滩、锦屏二级、龙开口水电站、洪屏抽水蓄能电站等近 40 个大型水电工程项目中实施应用，包括国内常规电站、抽蓄电站设计项目以及国外总承包水电项目，至 2024 年已发展成熟。所有已实施项目的装机总容量累计超过 57GW，工程总投资累计超过 3000 亿元。

华东院以"总体规划、分步实施、统筹安排、协调发展"的原则开展工程三维数字化研究工作，在"一个平台、一个数据架构、一个模型"的总体构想下，以三维设计软件、协同设计管理软件和数据库服务软件等为基础，以各专业的生产需求为导向，构建了一个覆盖水电水利工程勘测设计全专业（地质、枢纽、工厂）、全过程（规划、可研、招标、技施、竣工）的三维数字化勘测设计平台，使勘测设计工作能够在统一的设计平台开展，成果能够基于统一的信息架构和统一的信息模型进行存储和展示。

按工程专业领域划分，华东院一体化协同设计平台的全专业设计系统包括三大系统（地质三维勘察系统、枢纽三维设计系统和工厂三维设计系统），各系统之间具有密切的关联关系，设计成果需要相互参考。三大系统涵盖的子专业如下：①地质三维勘察系统，涵盖测绘、勘探、试验、物探、观测、地质、岩土等专业；②枢纽三维设计系统，涵盖坝工、引水、施工、厂房、建筑等专业；③工厂三维设计系统，涵盖厂房、建筑、水机、电气、暖通、金属结构等专业。

华东院一体化协同设计平台不仅覆盖三大系统的专业应用环境以提高设计的单点效率，还以 ProjectWise＋MicroStation 软件构建以"协作"为中心的协同平台，使三大系统能够高效地进行协作，同步提高企业整体设计效率。华东院一体化协同设计平台在水电设计多年的应用中不断被 Bentley 和华东院优化和完善，三大系统日益成熟和精进；当前华东院一体化协同设计平台不仅在水利水电行业工程数字化解决方案中成熟应用，还能很好地应用于其他基础设施行业，如在城市规划、风电等新能源工程、工业与民用建筑工程、市政交通工程等领域都有广泛适应性。

华东院一体化协同设计平台软件详细列表及功能简述见表 4.1-1。

表 4.1-1　　　　　华东院一体化协同设计平台软件详细列表及功能简述

系　统	软件名称	软件商	软　件　功　能
地质三维勘察系统（涵盖测绘、勘探、试验、物探、观测、地质、岩土等专业）	MicroStation	Bentley	三维设计基础平台
	Bentley Descartes	Bentley	可视化、矢量-光栅及光栅-矢量转换，以及基础设施项目中采用的基本数据类型的管理和处理
	Bentley Pointools	Bentley	激光点云建模
	Bentley Map	Bentley	三维测绘地理信息平台
	MapStation	华东院	测量仪器接口、地形建模、点云处理、测图、数据发布
	GeoStation	华东院	地质三维模型建模、地质图件编绘、岩土三维设计等
	GeoDataManage	华东院	地质勘察数据管理和存储
枢纽三维设计系统（涵盖坝工、引水、施工、厂房、建筑等专业）	MicroStation	Bentley	三维设计基础平台
	GEOPAK	Bentley	三维地形编辑、场地、道路设计
	PowerCivil	Bentley	三维道路、铁路、桥隧、场地、雨水道等基础设施设计
	Civil Designer	华东院	解决枢纽三维设计的软件系统
	CAD/CAE 一体化	华东院	CAD/CAE 一体化软件及接口
	Plant Designer	华东院	解决工厂三维设计的软件系统
	ABD Structural	Bentley	三维混凝土结构设计
	ReStation	华东院	参数化三维混凝土配筋设计
	ProSteel	Bentley	三维钢结构设计

系　统	软件名称	软件商	软　件　功　能
枢纽三维设计系统（涵盖坝工、引水、施工、厂房、建筑等专业）	Digital Elements	华东院	参数化三维构件库
	RAM/STAAD	Bentley	应用三维结构进行结构应力计算
	PlantSpace	Bentley	三维管道系统设计
	OpenPlant	Bentley	三维管道系统设计
	Substation	Bentley	变电站的电气设备布置、电气控制原理设计
	BRCM	Bentley	三维电缆通道和电缆敷设设计
	Electrical Designer	华东院	解决水电站二次端子接线等电气三维设计的软件系统
	ABD Electrical	Bentley	三维建筑电气设备布置设计
	ABD Mechanical	Bentley	三维建筑通风、管道布置设计
	SolidWorks	Dassault	三维机械部件和产品设计
工厂三维设计系统（涵盖厂房、建筑、水机、电气、暖通、金属结构等专业）	Plant Designer	华东院	解决工厂三维设计的软件系统
	ABD Structural	Bentley	三维混凝土结构设计
	ReStation	华东院	参数化三维混凝土配筋设计
	ProSteel	Bentley	三维钢结构设计
	Digital Elements	华东院	参数化三维构件库
	RAM/STAAD	Bentley	应用三维结构进行结构应力计算
	PlantSpace	Bentley	三维管道系统设计
	OpenPlant	Bentley	三维管道系统设计
	Substation	Bentley	变电站的电气设备布置、电气控制原理设计
	BRCM	Bentley	三维电缆通道和电缆敷设设计
	Electrical Designer	华东院	解决水电站二次端子接线等电气三维设计的软件系统
	ABD Electrical	Bentley	三维建筑电气设备布置设计
	ABD Mechanical	Bentley	三维建筑通风、管道布置设计
	SolidWorks	Dassault	三维机械部件和产品设计

华东院一体化协同设计平台系统架构如图 4.1-1 所示。

为了更好地适应工程三维数字化在平台、各大系统用于各专业之间的协同设计，彻底解决实际工程设计、校审问题，华东院开发了 Synergy 三维校审系统。

同时为了使整个解决方案适用性更广，结合工程实际施工工艺和工法、方便套各标准清单和各定额库，华东院开发了 Quantity Take-off Management。

水电站全生命周期数字化勘测设计系统新增开发和深化开发的模块包括：三维地理信息测绘模块、三维地质信息勘察模块、支护三维设计模块、施工场地三维设计模块、工厂三维设计模块、配筋三维设计模块、电气三维设计模块、三维模型算量模块。

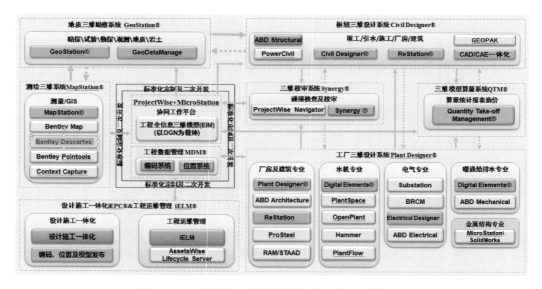

图 4.1-1　华东院一体化协同设计平台系统架构图

1. 三维地理信息测绘模块

三维地理信息测绘模块 MapStation 是华东院基于 Bentley 系列软件构建的华东院一体化协同设计平台的重要组成部分。模块结合 Bentley Map Enterprise V8i 进行组件式开发,支持中英文两种运行环境,包括数据接口、地图要素、三维建模、图属检查、数据加工、地图缩编、制图输出和应用分析八大模块(图 4.1-2)。

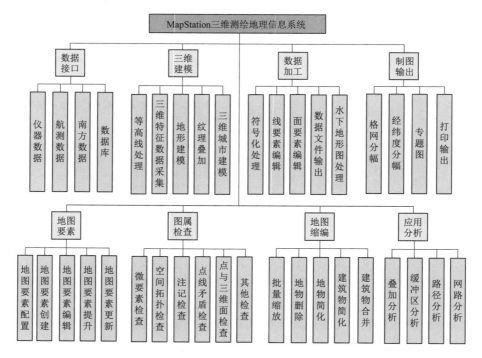

图 4.1-2　MapStation 模块功能

　　MapStation 将传统测图工作与 GIS 应用结合，提供先进智能的地图要素特征化创建和管理功能，实现了测绘专业平台切换。系统融合国家、地方多个标准，实现了测绘制图环境和制图行为的标准化，建立测绘三维生产技术标准体系。系统内置了主流测量仪器数据接口，融合地面三维激光扫描、无人机航测、多波束探测等技术，建立多业务、多技术、多系统集成平台；打通了与南方 CASS、VirtuZo、ArcGIS 等常用软件的数据接口，改变了原有测绘业务需要南方 CASS、ArcGIS、Skyline 等多软件配合使用的现状，真正实现了测绘、勘察、规划、设计等专业在统一 CAD 平台上开展工作。建立了二维地形图与三维地形模型同步生成的测绘业务流程，实现了测绘、地质、水工结构等多专业的三维协同设计，避免数据跨平台转换带来的损失，提高了与后续专业的协同效率。

　　MapStation 可辅助于水电工程从勘测、设计到施工、运营不同阶段三维测绘数字化产品，包括不同比例尺地形图、高清卫星遥感影像图、无人机航拍图、三维数字地形模型、点云模型、倾斜摄影测量模型等的生产、展示、服务及发布（图 4.1-3）。系统为水电站全生命周期管理提供丰富的基础测绘地形资料，通过局域网、城域网、WiFi 在 PC端、移动端全面展示水电工程不同时期的基础地形面貌。同时，结合 GIS 强大的地理信息分析功能，可辅助于规划、移民、环保、水保、施工等对评价模型的建立需求，如动态水流模型、多维水质模型、污染物扩散模型、景观评价模型等，提高水电站全生命周期管理系统科学化和规范化水平，为水电站的安全运行提供直观的决策支持。

（a）地形图

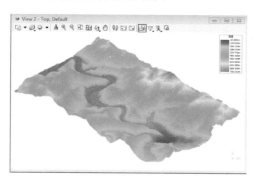

（b）三维激光扫描点云模型

（c）倾斜摄影模型

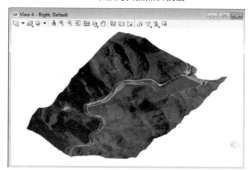

（d）三维地形模型

图 4.1-3　三维地理信息测绘模块部分应用成果

2. 三维地质信息勘察模块

地质勘察是水电站勘测设计工作的前奏，也是工程全生命周期中的重要组成部分。三维地质信息勘察模块 GeoStation 基于 Bentley MicroStation 进行开发，解决水电站地质勘察数据采集与整理、地质三维模型建模、地质图件编绘等数字化三维设计工作，实现了工程地质勘察信息化、标准化和流程化，以及工程勘察设计三维协同一体化，针对全生命周期应用新增开发了地质编码模块和地质模型轻量化发布模块，为水电站全生命周期管理提供了基础的三维地质全信息模型，模块界面如图 4.1-4 所示。

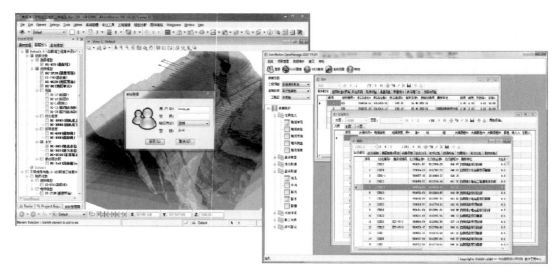

图 4.1-4　三维地质信息勘察模型模块界面

模块主要由地质数据库、数据管理子系统、三维建模与分析子系统、辅助绘图子系统、网络查询子系统及系统外部接口等模块组成，系统功能框架如图 4.1-5 所示。

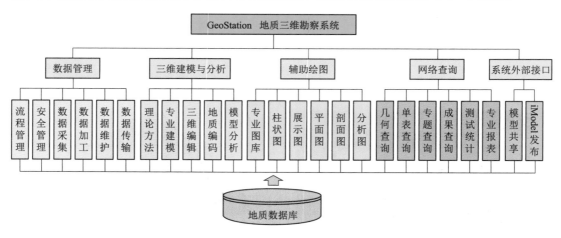

图 4.1-5　三维地质信息勘察模块功能架构

模块通过地质剖面动态解译、参照面校正、Mesh 射线求交等多种地质建模分析方法和图形算法，实现复杂地质曲面和结构面的快速生成与分析处理，支持从数据库原始勘探数据和地质剖面图数据两种方式混合创建地质三维模型。

利用数据驱动自动建模和模型动态更新技术，解决了地质参数化建模问题，实现了勘探、物探、地质、监测和地下洞室等三维模型的实时生成。

通过工程地质图件自动编绘与动态更新技术，解决了人机交互绘图工作量大、交叉剖面错误多、校审环节复杂等问题，使地质图质量大为提高。

系统首次提出工程地质对象分类和地质模型编码标准，按照地质三维模型的分类信息自动匹配模型编码，并按照全生命周期管理系统的标准自动生成地质元素 ID，作为水电站三维地质全信息模型中的唯一识别码。

系统通过轻量化发布模块，将整个水电站的三维地质全信息模型与地质数据库信息合并发布成为轻量化的 iModel，加入全生命周期管理系统中，供实时查询水电站各个部位的工程地质条件、地质构造参数等。如图 4.1 - 6 所示，在全生命周期管理系统中可查询地质模型信息。

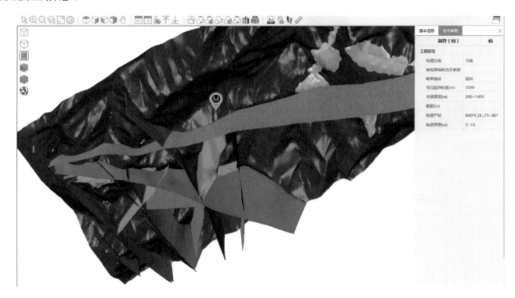

图 4.1 - 6　地质模型信息查询

通过三维地质信息勘察模块建立的三维地质全信息模型为水电站工程全生命周期管理提供实时地质条件可视化查询、地质数据的综合统计分析，对水电站可研阶段的选址选坝、方案比选，招标阶段的设计优化，施工阶段的工程监测、地质缺陷处理及运维阶段库区地灾监测与预警预报等具有重要作用。

部分工程三维地质模型应用实例如图 4.1 - 7 所示。

3. 支护三维设计模块

支护三维设计模块用于辅助设计人员进行隧洞、边坡三维建模之后的三维支护设计、支护图自动抽取与工程量统计表生成等工作，包含洞室三维支护设计和边坡三维支护设计两个部分。模块有效地解决了当前市面上只有洞室与边坡的参数化建模工具，而没有成熟的支护设计软件进行后续设计工作的问题。

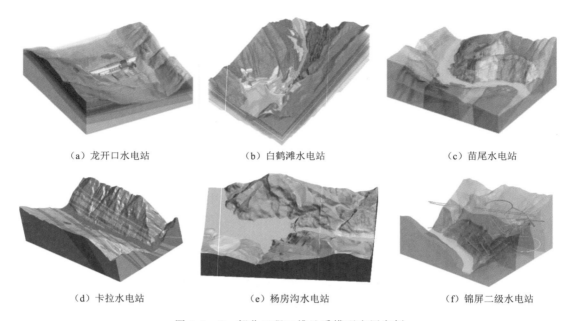

| （a）龙开口水电站 | （b）白鹤滩水电站 | （c）苗尾水电站 |

| （d）卡拉水电站 | （e）杨房沟水电站 | （f）锦屏二级水电站 |

图 4.1-7　部分工程三维地质模型应用实例

（1）洞室三维支护设计功能。

1）支护参数配置模板。洞室支护参数配置模板用于定义洞室的支护参数化方案，包括不同支护类型的支护顺序和详细参数，如图 4.1-8 所示。

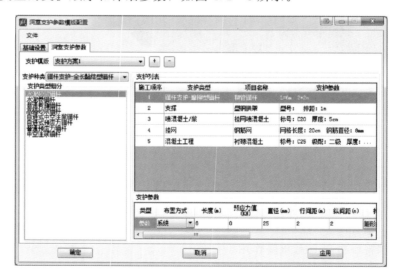

图 4.1-8　洞室支护参数配置模板

2）洞室纵断面生成和支护设计。洞室纵断面生成可以沿洞迹线生成洞室的纵断面二维图，纵断面支护设计用于划分不同配置模板的支护范围，如图 4.1-9 所示。

3）洞室横断面生成和支护设计。洞室横断面生成可以根据不同支护方案生成洞室的横断面，横断面支护设计用于放置支护措施，如图 4.1-10 所示。

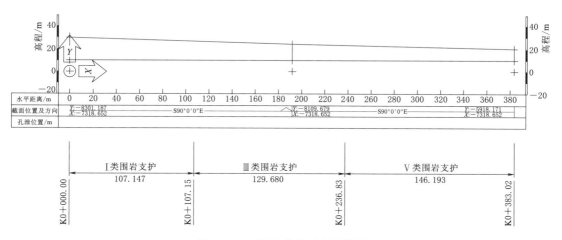

图 4.1-9 洞室纵断面支护设计

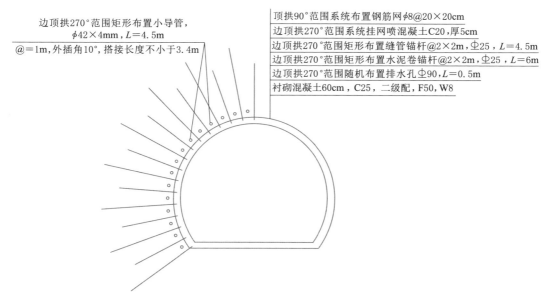

图 4.1-10 洞室横断面支护设计

4）洞室支护工程量统计。洞室支护工程量统计根据纵断面和横断面的支护设计信息统计工程量信息，并生成工程量统计表。

（2）边坡三维支护设计功能。

1）边坡和马道分类归组。智能判断边坡 Mesh 上的每一级边坡和马道并分类归组，如图 4.1-11 和图 4.1-12 所示。

2）边坡支护管理器。以目录树的形式展现边坡的坡面和马道，支持配置相关支护参数，分组进行管理和支护设计，如

图 4.1-11 区分边坡和马道

图 4.1 - 13 所示。

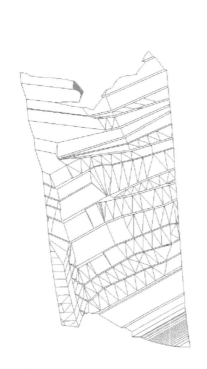

图 4.1 - 12　区分后的边坡和马道

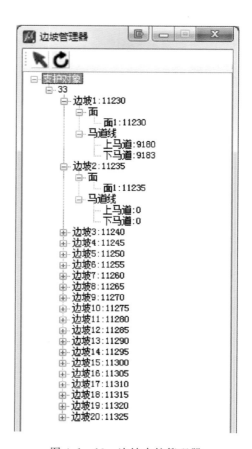

图 4.1 - 13　边坡支护管理器

3）边坡支护生成、支护工程量统计。边坡支护生成功能可以根据支护参数生成边坡面上的支护元素，边坡支护工程量统计功能可以根据支护结果进行支护工程量统计，如图 4.1 - 13 所示。

没有支护三维设计模块之前，全生命周期系统对于洞室和边坡只能管理相关的设计图纸而没有施工期的参数化支护设计信息。在引入支护三维设计模块之后，通过采用参数化设计的理论和方法，系统实现了洞室与边坡的相关信息进行参数化管理。参数化内容包括洞室与边坡的尺寸信息、支护设计信息（例如：各类支护措施放置顺序以及放置范围，支护锚杆的长度、直径、排布方式、入岩角度、放置坐标，支护喷混凝土的混凝土标号、厚度等参数化信息）、支护工程量信息（可以统计各类锚杆、混凝土的用量等）。上述参数化信息能够快速在全生命周期系统中进行统一管理，从而方便地回溯支护施工期的设计方案、对比设计工程量和实际工程量、进行支护造价管理并且作为后期运维时的参考依据。

4. 施工场地三维模块

基于 BIM 技术检验施工场地布置的合理性，在三维场景中展现不同时期工程现场的施工场地布置情况，达到优化场地布置方案，减少不同工区作业干扰的目的。

（1）施工场地布置三维可视化。借助三维 BIM 软件的可视化功能，在限定的空间范

围内，真实展示不同时期工程现场施工布置情况，包括施工用地与生活用地，如图 4.1 -
14 所示。

（a）大门、七牌一图

（b）办公楼、停车场

（c）篮球场

（d）生活区、晾晒场

图 4.1-14　施工用地与生活用地布置三维可视化

（2）施工组织方案优化。利用 BIM 技术的空间分析功能并结合工程进度信息动态分
析整个施工期间工程现场规划布置的合理性，及时发现施工过程中存在的场地布置冲突问
题，如图 4.1-15 所示。

图 4.1-15　施工组织方案优化模拟

（3）施工组织方案模拟与比选。利用 BIM 技术对施工场地布置方案中难以量化的潜
在空间冲突进行分析，通过三维模拟说明各阶段的最优方案，并最终组合成为施工场地动
态布置总体方案，如图 4.1-16 所示。

5. 工厂三维设计模块

工厂三维设计模块 Plant Designer 是基于 MicroStation 软件开发，用于解决水电站工
厂三维设计效率问题，包含 Plant Designer、Digital Elements 两个工具集。系统主要包括
位置管理系统、智能开孔、装修设计、自动出图、自动标注、自动报表等功能。Digital
Elements 主要是针对水机、暖通、给排水等专业做的参数化构件库，包含各类常用构件
300 余种，为三维设计工作提供了极大的便利。这些工具不仅提高了工厂三维设计的效率

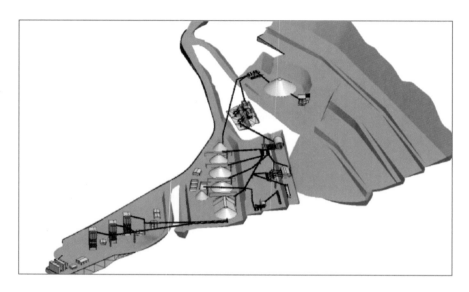

图 4.1-16　复杂场平的规划布置

和质量，丰富了软件的本土化样板库，拓展了软件的应用深度和广度，同时也为设计模型后续应用进行了前期筹备，如位置管理工具在工程运营维护中的应用等。以下简要介绍工厂三维设计模块中的位置管理工具、建筑智能开孔工具和建筑智能装修工具。能在施工成本控制中的应用等。

　　（1）位置管理工具。位置管理工具（Location Manager）是基于 MS 或 ABD 平台的一套空间位置管理的工具集，用来收集和管理每个工程对象，如图 4.1-17 所示。其主要包括空间位置定义、空间位置管理、设备归纳、报表等功能。

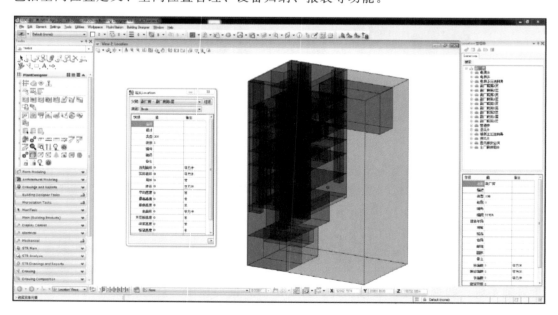

图 4.1-17　位置管理工具

1）通过对工程对象建立几何信息并关联业务属性，从而对空间位置进行定义，使建筑、楼层、房间等对应上确切的几何实体，而不再是单纯的概念描述，如图4.1-18所示。

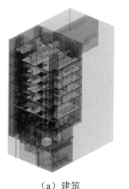
（a）建筑

（b）楼层

（c）房间

图4.1-18　建筑、楼层、房间的位置划分和应用

2）位置对象作为建筑物的分区依据，能够分区域管理三维设计模型中的对象。通过位置对象组成的目录树，可快速查看不同分区或房间内的三维模型，通过位置对象目录树直接查看或进入房间，如图4.1-19所示。

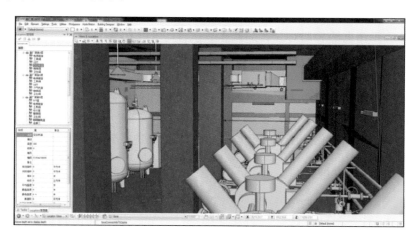

图4.1-19　位置对象目录树示例

3）位置对象同时可以作为设备归纳的依据。启动自动归纳设备功能，会立即扫描当前模型文件及参考文件中所有的设备，按照几何包含关系将每一个设备归纳到包含它的位置对象下。由此还可以获得以空间分类为依据的设备报表，如图4.1-20所示。

4）位置对象作为设计对象参与专业间的协同设计和快速建模。如对于电气、暖通等设计专业，可以直接利用房间位置对象作为设计依据进行灯具布置设计，甚至可用于暖通进风量校核。

5）位置对象可以服务于全生命周期管理系统，能快速定位每个工程对象所处的位置，通过位置对象可在三维可视化场景中快速实现位置的索引和导航。

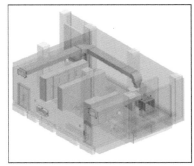

图 4.1-20　设备与位置对象关联示例

（2）建筑智能开孔工具。在水利水电厂房、工业与民用建筑等建筑物的布置中，建筑结构专业中的开孔设计是一项重要工作内容。在传统的二维设计中，建筑结构上的孔洞在图纸上需要采用特殊图例符号来表示，而在现有三维设计中，设计软件只提供了对建筑结构模型进行三维剪切或布尔运算的功能，虽然能够实现在建筑结构模型上开出三维孔洞，但仅仅是建筑结构模型上的特征，不具备对开孔单独编号、赋予功用等工程属性信息功能，无法表达开孔的工程意义，无法参与工程全生命周期管理。此外，由于孔洞是对建筑结构模型进行三维剪切或布尔运算得到的，并不包含开孔的二维特殊图例信息，因此无法直接出图。在实际工程中往往开孔数量巨大，因此造成设计中开孔效率低下，并且数量巨大的开孔也给后期对开孔的调整、统计等工作带来巨大的工作量。

智能开孔工具集解决了以往三维设计中建筑结构专业开孔设计存在的问题，将传统三维设计中开孔剪切动作后的剪切空间对象化和实体化，具有工程意义的开孔对象也可根据实际需要在出图中表示为特定的二维工程图例符号。而且在设计后期可以对开孔实体对象进行编辑修改、合并、更新及重复性检查等，极大提高了设计质量和效率，真正意义上将开孔信息数字化并纳入工程全生命周期系统进行管理。

图 4.1-21　建筑智能装修工具

（3）建筑智能装修工具。智能装修工具模块是华东院基于 ABD 自主开发并为建筑专业所用的 9 个工具，如图 4.1-21 所示。其主要功能为智能快速生成室内装修元素，如能够快速生成楼面、墙面、踢脚、顶棚面，并自动附加信息、材质等属性，支持智能修改和刷新。主要工具有：装修视图开关、装修视图设置、选择 Space、装修设计、修改装修、修改单个装修、刷新装修、删除装修、更新衬墙等。本工具创建的信息能被纳入工程全生命周期系统进行管理。

6. 配筋三维设计模块

ReStation 是由华东院经过多年自主研发并完全拥有自主知识产权的参数化三维混凝土配筋设计模块，如图 4.1-22 所示。ReStation 软件操作界面友好，三维配筋高效、便捷、智能、参数化，三维配筋创建和编辑功能强大，兼具钢筋自动编号、智能统计钢筋报表及截取二维钢筋图纸等功能，钢筋配筋和出图完全符合我国现行的多种结构设计规范要求，能够满足广大工程设计人员对各类混凝土结构三维配筋及截取二维钢筋图纸的需求，能够帮助结构设计人员摆脱繁重的低层次劳动，极大地提高设计人员的工作效率和设计产品质量。同时还支持水电站工程中的尾水管、蜗壳、引水岔管等特殊结构的高效三维配筋和图纸出图工作。

ReStation 以 Bentley 公司的 AECOsim Building 专业设计软件为基础平台，最大限度地利用了其三维技术优势和 ProjectWise 三维协同设计管理平台优势，直接参考原先已经完成的三维施工图结构设计的大体积及板梁柱结构进行三维配筋和抽二维钢筋图纸工作，弥补了原有 CAD 三维协同设计"最后一公里"的不足。

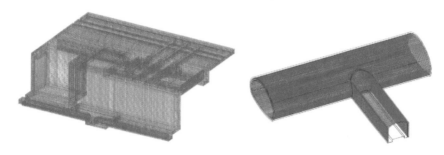

图 4.1-22 结构配筋示例

ReStation 软件可以分为以下几大模块（图 4.1-23）。

（1）前处理模块。包括系统配置、标注设置及配筋设置，主要用于设定配筋操作所需的所有前置信息。

（2）模型管理模块。包括模型管理、显示管理等。

（3）三维建模模块。包括桩、独立基础、条形基础、风机基础等结构的三维建模功能。

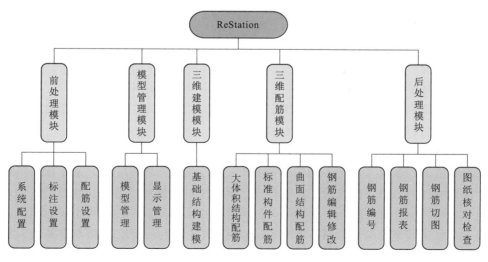

图 4.1-23 系统功能框架图

（4）三维配筋模块。ReStation 最核心的模块，可以实现大体积结构、梁板柱墙结构以及其他异形曲面结构的三维钢筋创建及修改功能。

（5）后处理模块。包括编号报表及抽图标注两部分，可以依据三维钢筋模型生成当前工程需要的钢筋表及钢筋图纸。

ReStation 软件目的在于提高钢筋设计的效率和准确率，减少设计人员的低价值工作，是结构三维设计中的重要一环。软件的最终产品是提供基于三维配筋模型抽出的钢筋图纸，在这个过程中生成的三维钢筋模型对于全生命周期系统来说有非常重要的意义。

（1）ReStation 生成的所有三维钢筋都是信息模型，上面挂载了钢筋的强度等级、直径等基本属性和位置、形状、长度等几何信息，甚至还有抗拉抗压强度等力学属性（图 4.1-24），是建立全信息模型的重要组成部分。

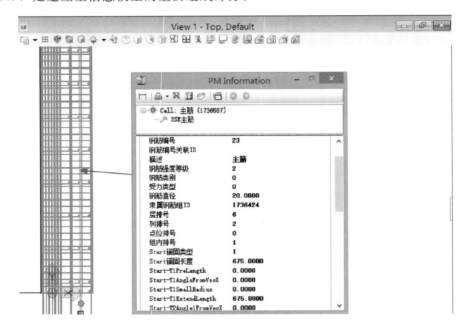

图 4.1-24　钢筋属性信息

（2）准确的三维钢筋模型可以实现钢筋用量的准确统计，在此基础上可以实现更加细致准确的钢筋算量和施工下料管理，三维钢筋模型甚至可以用来指导施工。

（3）搭配位置定位工具，可以实现在三维模型中检查任意位置的钢筋布置，在后期运行维护期间可以对建筑结构维护修缮工作提供指导，如图 4.1-25 所示。

7. 电气三维设计系统

电气三维设计系统（Electrical Designer®）是华东院全新开发的，并针对不同的行业需求、设计特点和出图习惯进行了定制开发。该软件适用领域广泛，功能稳定强大，操作流畅，一经推出便受到设计人员的好评。目前该软件已应用到院内外多个工程项目设计实践当中，并已全面兼容国家电网 GIM 格式，能够满足水电、市政、电力等多个工程领域的三维设计需求，用户数量稳步增加，市场反馈效果良好。其主要功能架构如图 4.1-26 所示。

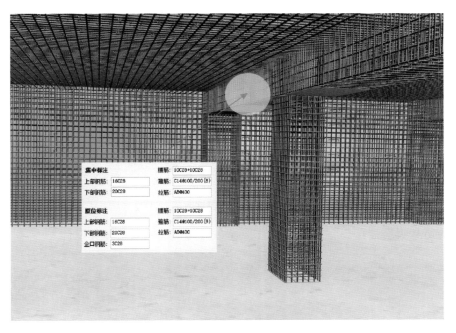

图 4.1-25 任意位置钢筋布置检查

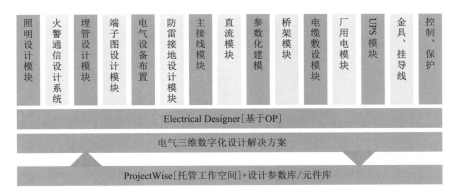

图 4.1-26 Electrical Designer® 主要功能架构

（1）照明设计模块。照明设计模块采用纯三维布置设计，提供数字化的接线回路设计及标注、统计和校验等功能，简化出图步骤（图 4.1-27）。其特点及优势如下。

1）满足国内工程设计规范及用户使用习惯。

2）满足从照明设备布置到接线原理图全过程设计。

3）自动出照度计算书。

4）照明埋管自动生成，可模拟施工。

5）照明库可扩展，内嵌国内厂商产品库。

（2）火警通信设计模块。同照明设计模块类似，火警通信设计模块同样采用了纯三维布置设计，如图 4.1-28 所示。其特点及优势如下。

1）满足国内工程设计规范及用户使用习惯。

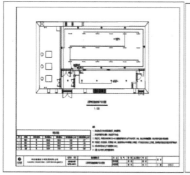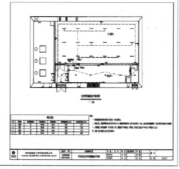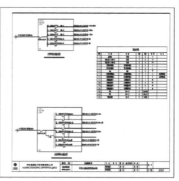

图 4.1-27　照明二维图纸一键生成

2）满足从火警通信设备布置、埋管接线布置到二维成图全过程设计。

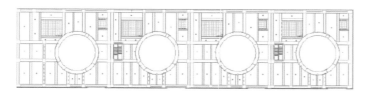

（a）探测器自动批量布置　　　　　　　　　　　　（b）火警设备布置及埋管敷设

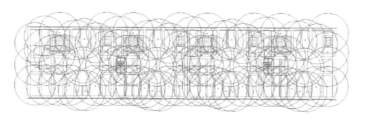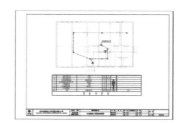

（c）计算与显示探测器保护范围　　　　　　　　　　（d）二维图纸一键生成

图 4.1-28　火警通信模块设计布置及二维图纸一键生成

（3）防雷接地设计模块。本设计模块包括单个避雷针布置、保护范围自动绘制及多个等高/不等高避雷针布置及联合保护范围自动绘制；建筑物防雷接地设备布置及二维图纸的自动生成，如图 4.1-29 所示。

通过该模块可参数化设置避雷针的高度、直径和被保护物的高度；模拟单根、多根避雷针的保护范围；通过调整避雷针的高度，模拟多根等高、不等高避雷针的联合保护范围。

（4）埋管设计模块。本设计模块采用参数化电气埋管创建，进行工程量统计、埋管编号及信息的数字化标注和管理，简化出图步骤。埋管可作为电缆通道进行电缆敷设，其特点及优势如下。

1）满足国内工程设计规范及用户使用习惯。

2）电气埋管参数化创建。

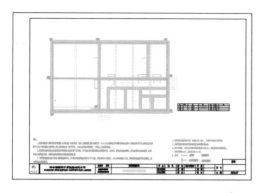
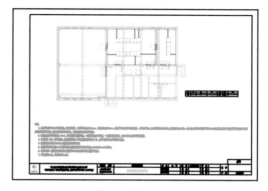

（a）避雷带二维图纸自动生成   （b）接地二维图纸的自动生成

图 4.1-29 建筑物防雷接地设备布置及二维图纸的自动生成

（5）端子图设计模块。本设计模块的成功开发改善了市面上没有符合设计单位使用的系统间端子设计软件的现状。本模块提供纯数字化设计体验，一键生成端子排连接图和电缆清册（图 4.1-30），其特点和优势如下。

1）满足国内工程设计规范。

2）软件使用完全贴合端子设计的业务流程，操作方式符合用户使用习惯。

3）设计过程全数字化，保证入库的端子信息、关联信息以及端子排接线图信息一致性，所有信息内容实现全程随时调用和实时更新。

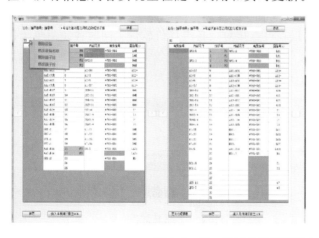
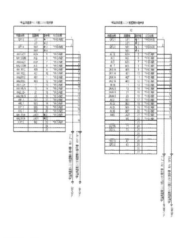

图 4.1-30 端子排连接图和电缆清册一键生成

8. 三维模型算量系统

工程量计算是工程成本控制工作中最基础的工作，也是工程数字化由三维设计延伸到设计施工一体化的主要环节，是项目全生命周期管理的必要组成。

QTM（Quantity Take-off Management）三维模型算量系统是基于 AECOsim Building Designer V8i（以下简称 ABD）自主开发的工程量计算软件，软件主界面如图 4.1-31 所示。基于设计阶段统一定制的构件分类，加设构件清单计算方式，可以直接从设计模型中提出满足招投标及后续计价的工程量清单。软件功能包括土建算量、装饰算量、安装算量三大板块，适用于市政轨道交通、房屋建筑工程、工业建筑等多个工程领域。

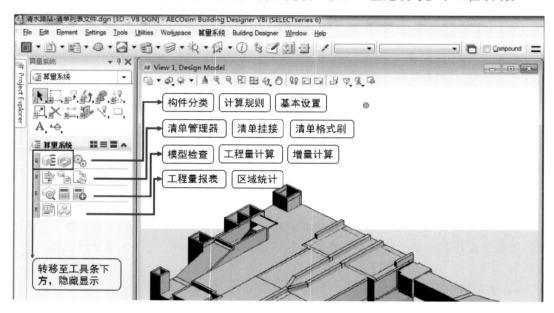

图 4.1-31　QTM 软件主界面

　　QTM 内置国家标准清单库及常用清单计算规则模板，通过设置自动关联库清单、批量挂清单、同类项目清单互用等功能大大缩减工程量清单的计算时间，实现工程量的所见即所得，如图 4.1-32 所示。此外 QTM 输出的清单报表可直接对接各类计价软件，同时各条清单子目的综合单价信息也能一键返回模型，实现成本的所见即所得。其中包含的量和价的模型将大大细化施工中的材料和成本控制，对项目各阶段资金的支配也将提供大量的基础数据。

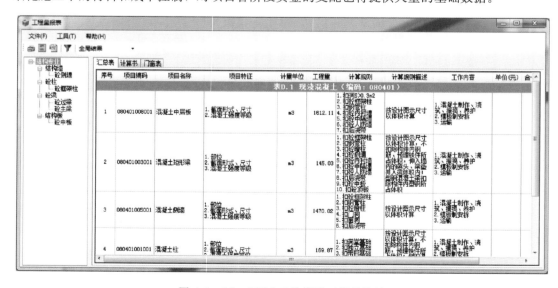

图 4.1-32　QTM 三维模型工程量统计

4.2 地质三维设计

4.2.1 地质数据库

1. 地质体数据

在地质三维系统中,需要定义用于数据存储管理、二维出图标注、在线查询、数据表统计等用途的地质信息。杨房沟水电站地质体数据库内录入预可行性研究、可行性研究、招标及施工详图阶段地质人员编录的钻孔、平洞和测绘地质点成果,这些成果内容包含其本身的测量坐标、所揭露的地层、岩性、地质构造、风化深度、卸荷深度等,以及录入地质人员定义的地层岩性、地质构造、地层界面、岩性数据等。杨房沟水电站录入的地质体信息:地层单元4个、地层界面4个、地层岩性3个、地质构造416个等。

2. 地质测绘与勘探数据

杨房沟水电站地质体数据库中收录的勘探对象包括钻孔、平洞、试验数据和地质测绘点。地质测绘与勘探对象各项数据入库具体情况见表4.2-1。

表 4.2-1　　　　　　　　　　地质测绘与勘探对象各项数据入库情况表

对象	概况	形态描述	地层岩性	岩性描述	完整程度	地质构造	风化卸荷	节理统计	试验取样	水文地质试验	原位测试	备注
地质测绘点	√	—	√	√	—	√	—	√	√			
实测剖面	—	—	—	—	—	—	—	—	—			
勘探线	√	√	—	—	—	—	—	—	—			
钻孔	√	√	√	√	√	√	√	√	¤	√	¤	
平洞	√	√	√	√	√	√	√	√	¤		¤	
探坑	√	√	√	√	—	—	—	—	—			

注　1. "√"表示该项数据已完全入库;"¤"表示该项数据不完全入库;"—"表示对象无此项数据。

　　2. "概况"包括点位坐标、方位、完成单位、责任人、时间等内容。

　　3. 岩性描述指孔洞揭露点位上的岩性详细信息。

　　4. "原位测试"包括物探、试验、观测等内容。

在地质三维系统中,根据录入的地质测绘和勘探数据,杨房沟水电站地质体数据采集点统计见表4.2-2。

表 4.2-2　　　　　　　　　　地质体数据采集点统计表

名　称	数量/个	备　注
地层界面点	436	覆盖层、基岩
地质构造点	416	根据编号前缀为 F、f、L
风化下限点	496	强风化、弱风化上、弱风化下、微风化
卸荷下限点	114	强卸荷、弱卸荷
地下水位点	60	钻孔稳定水位

3. 地质试验数据

地质试验数据成果在开展试验的对应勘探孔、洞的数据表中录入。杨房沟水电站原位测试数据录入地质数据库，包括硐探声波及大型抗剪试验数据。

4. 其他勘察数据

杨房沟水电站在预可行性研究、可行性研究、招标及施工详图阶段地质勘察中，现场采集了大量的工程相关照片、影像，收集了大量工程相关资料，完成了数量众多的工程报告（勘察报告、试验报告、外委科研报告等），此类信息都录入了地质数据库。

4.2.2 地质勘探模型

钻孔、平洞使用系统勘探建模工具自动创建，下序设计专业人员可根据项目采用"只读"用户权限登录地质三维系统，按照地层、岩性、风化、卸荷等地质对象被揭露的地质属性数据分段建模。

勘探线、勘探数据经过录入校核，可使用勘探线建模和地质点建模工具自动生成。

勘探模型是地质三维模型校审核和质量、精度分析的主要依据。

4.2.3 地质线框模型

将二维图件上的地质线条按实际空间位置摆放到一起的状态称为地质线框模型，相当于地质三维面模型原始骨架线，是地质三维建模的重要依据和手段。

地质线框模型地质点根据录入数据自动绘制，精度受勘探孔洞控制，能代替人工在图面上绘制的地质点、地质线条，因此可以将组成地质线框模型的单个剖面按照水电出图格式输出成地质剖面图，用于纸质打印人工校核。地质线框模型经校核、审查后，可开展地质曲面建模。一旦地质曲面建模完成，要求地质线框模型和地质曲面模型同步维护。基本过程是：数据库维护→地质线框模型维护→地质面模型维护→地质实体模型维护。

杨房沟水电站地质线框模型作为建立地质面模型的中间成果，其精度与最终的地质面模型一致。线框模型主要通过勘探剖面和辅助剖面绘制，并根据其生成的地质面是否合理、顺滑进行不断地修改调整，线框模型的质量最终由地质面模型体现。

4.2.4 地质面模型

1. 地层界面

杨房沟水电站坝址区地层较简单，基岩主要为燕山期花岗闪长岩和新都桥组、杂谷脑组变质粉砂岩，覆盖层主要为混合土碎石和混合土卵石，共4个地层界面。模型中JM前缀属性代表地层界面，杨房沟水电站构建的地层单元与地层界面详情见表4.2-3。

表4.2-3 　　　　　　　杨房沟水电站构建的地层单元与地层界面定义表

序号	大层		亚层		与下层界面代号
	代号	名称	代号	名　　称	
1	Q_4	覆盖层	Q_4^{col+dl}	崩坡积层，碎石混合土，含粉土砾石	JM0
2			Q_4^{al}	土砾冲积层，混合土卵石	JM0
3			Q_4^{al+pl}	冲洪积层，漂石混合土	JM0

序号	大 层		亚 层		与下层界面代号
	代号	名称	代号	名 称	
4	T_3xd	新都桥组	T_3xd	深灰、灰黑色变质粉砂岩夹板岩，板岩由黏土质、粉砂等组成。浅灰-深灰色燕山期花岗闪长岩侵入	JM1
5	T_3z	杂谷脑组	T_3z	深灰、灰黑色变质粉砂岩夹板岩，板岩由黏土质、粉砂等组成。浅灰-深灰色燕山期花岗闪长岩侵入	JM2

注 JM0 表示覆盖层底面与基岩的接触面，与其他地层都存在接触关系，所以没有稳定的下覆地层定义；JM1 表示新都桥组变质粉砂岩与燕山期花岗闪长岩的接触面；JM2 表示杂谷脑组变质粉砂岩与燕山期花岗闪长岩的接触面。

2. 地质构造面

（1）地质构造面。地质结构面的空间展布形态以往一直靠剖面、平切图结合产状标注来表示。使用地质三维模型可以方便地研究分析结构面与结构面、结构面与建筑物之间的空间关系，代替以往需要多条剖面才能分析清楚的工作。

杨房沟水电站坝址区的断层、裂隙等地质构造面都具有产状，它们的延伸分布形态一方面受孔、洞、地表等揭露点的控制，另一方面遵循一个整体的产状。模型中建立的构造面分为两种：对于在地表及勘探孔洞中有三处及以下出露点的构造，采取"单点产状生成"的方法建模；对于在工程区有多处出露点的构造（如 F1、F2），建模思路为先根据各出露点的位置及其编录产状综合分析确定各出露点的拟合产状，对相邻出露点的拟合产状差别较大的可在其之间增加控制点，再绘制经过各出露点或控制点的拟合产状面的真倾角线条，最后用这些真倾角线条拟合生成构造面，将超出基岩面部分和最低高程部分切除即可。对于有多处出露点的构造建模过程如图 4.2-1 和图 4.2-2 所示。

（2）构造面汇总。杨房沟水电站构造面模型中汇总了 416 个地质构造面，地质构造模型建模情况如图 4.2-3 所示。表内使用构造模型的地质属性编号与实际构造编号一一对

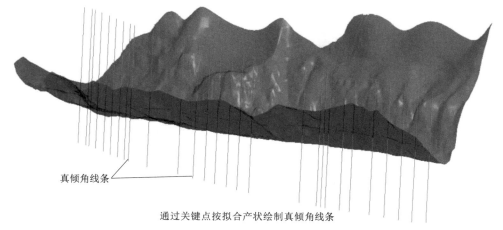

真倾角线条

通过关键点按拟合产状绘制真倾角线条

图 4.2-1 绘制真倾角线条

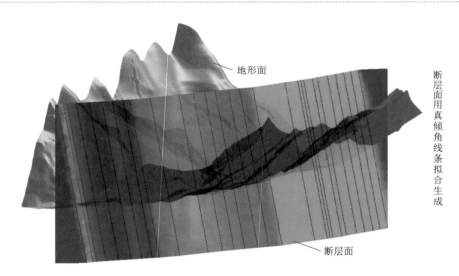

图 4.2-2　拟合生成断层面

应，属性编号为有大小写区分、无上下标格式的字符。构造地质描述、综合信息根据表属性编号可在系统内查询。

图 4.2-3　杨房沟水电站地质构造模型（红色为断层，青色为裂隙）

（3）构造结构面分级模型。坝址区出现的构造形迹主要为断层及大量的构造节理裂隙组成的较为复杂的构造系统。按照《水力发电工程地质勘察规范》（GB 50287—2016）岩体结构面分级标准，根据工程区结构面的规模、特性，将坝址区结构面分成五级，见表4.2-4。

表 4.2-4　　　　　　　杨房沟水电站坝址区结构面分级标准一览表

级别及构造	分级依据			工程地质特征	代表性结构面
	带宽及延伸规模	性质	工程地质意义		
Ⅰ　区域性结构面	带宽大于10m，延伸长大于10km	区域性断裂	控制区域构造稳定、山体稳定	断层带岩层扭曲，为碎块、碎裂岩夹岩屑、碎粉岩及断层泥	F1
Ⅱ　控制性构造结构面	带宽大于1m，延伸长度大于1km	不同构造时期的产物	坝肩、坝基岩体稳定性的控制性边界，及对主要建筑物边坡、坝基和地下洞室围岩稳定性有明显影响	破碎带宽度多在1m以上，带内物组成多为碎块岩、片状岩、岩屑，部分存在断层泥，且其岩体力学效应和强度特征主要受充填物的性质和厚度控制	F4、F5、F7、F303、F307、F313、P301 等
Ⅲ　一般性构造结构面	充填物厚度0.1～1m，延伸长度一般在0.1～1km	不同构造时期的产物	一定条件下对边坡、坝基、地下洞室稳定性有影响	充填物以岩块、岩屑夹泥为主，厚度以0.1～1m为主，部分面见泥膜及擦痕，其岩体力学性质受结构面几何特性与充填物性质共同控制	F2、F3、F6、F301、F302、F317、F318、f1、f324 等
Ⅳ　小断层、长大裂隙	充填物厚度小于0.1m，延伸长度多数在0.1km以内，部分大于0.1km	不同构造时期的产物	可构成局部岩体稳定的控制边界	充填以片岩、岩块夹岩屑硬性为主，部分为岩屑夹泥及面见泥膜软弱面，厚度以小于0.1m为主，其岩体力学性质受结构面几何特性与充填物性质共同控制	f5、f6、f7、f9～f13 等
Ⅴ　短小裂隙	延伸长度一般小于20m	不同构造时期的产物	对局部岩体稳定具有一定的控制意义	多数硬性、半硬性无充填结构面，少数夹岩屑，随机分布，断续延伸，一般平直光滑，缓倾角裂隙一般平直粗糙或起伏粗糙	节理

（4）其他地质界面。除上面所述的地质面以外，其余地质界面的种类有：基岩面、风化界面、卸荷界面、地下水位界面、相对隔水层界面等。这些地质界面的共同特征是都属于没有固定产状的地质界面，以上地质界面统称为无产状地质面。其他地质界面模型建模情况见表4.2-5。

4.2.5　地质三维模型

杨房沟水电站地质三维模型从2010年10月开始建立，建模过程中对前期成果及施工开挖揭示的地质情况进行了交叉修改完善，建模质量和精度逐步提高。三维模型的直观特性有利于检查地质内容的合理性和保持各种图件成果内容的一致性，便于研究分析结构面与结构面、结构面与建筑物之间的空间关系。模型建立后，能够根据各专业的要求，及时提供剖面供地质分析和设计方案比选。

表 4.2-5　　　　　　　　　　其他地质界面模型建模情况表

序号	地质界面	属性编号	序号	地质界面	属性编号
1	基岩面	JYM	7	弱卸荷下限	RXH
2	强风化下限	QIFH	8	地表水位面	DBS
3	弱风化上段下限	RFHS	9	地下水位面	DXS
4	弱风化下段下限	RFHX	10	相对隔水层顶面	Lu1
5	微风化	WEFH	11	相对隔水层顶面	Lu3
6	强卸荷下限	QXH	12	正常蓄水位面	ZCXS

4.3　枢纽三维设计

4.3.1　坝工专业设计

4.3.1.1　坝工专业设计内容

在前期阶段，坝工专业需要根据地形地质条件及其他设计资料，初步拟定坝轴线及库水位的位置。并根据工程具体要求和地质条件，初步选择适合坝型，如重力坝、拱坝、土石坝等。在设计过程中还需要考虑坝体的高度、泄洪形式、排水系统等要素，确保坝体的安全性和稳定性。与其余专业进行三维协同设计配合，形成初步的枢纽布置，确定前期初步设计方案。

在招标技施阶段，坝工专业需要在初步设计的基础上，进行模型的细化设计及优化设计。结合地形地质三维模型及更加细致的地质资料，细化坝基及坝肩开挖设计、明确缺陷处理、优化坝体体形设计、调整支护措施等。将设计模型和相关数据与其他专业整合协同，进行模型整体检查、碰撞检测、受力分析计算、可视化等，对枢纽整体的设计方案以及各专业的细部设计都可以进行更好的优化调整。有效提高了设计效率和质量，并满足了项目的安全性、可实施性、稳定性，实现了良好的经济效益。

4.3.1.2　坝工专业三维设计过程与技术要点

1. 明确并制定本专业三维协同设计标准

为满足各专业三维模型的规范化管理要求，在进行三维设计前，项目根据相关标准规范，制定了模型颜色、线宽、线型、命名规则、用户权限等标准，便于各专业之间进行协同设计工作及后续的三维设计成果归集。

坝工专业图层设置原则为：专业编码_类别编码_对象编码，以拼音大写首字母的方式定义各级编码，坝工专业编码为 BG。

2. 计算开挖土方量

依据地形曲面进行放坡开挖工作，并计算开挖土方量。利用三维设计软件绘制开挖坡脚线，并依据地质条件设定开挖坡比，可通过高差-坡比得到开挖特征线，也可通过高程-坡比完成开挖特征线的创建，并通过三维软件将开挖特征线生成开挖三角网曲面，通过开挖曲面与地形曲面的剪切，得到需要开挖的曲面范围，进而通过计算得出需要开挖的土方工程量。

3. 动态支护设计

杨房沟水电站地质条件复杂，开挖面积大，在开挖之前要做好边坡支护设计。针对该项目建立了三维信息化的动态支护设计工作机制。该机制通过利用三维地质模型，针对不同岩体类别和地质构造，对其主要支护系统进行模拟。对支护预设计方案、锚索锁定吨位等进行分析，针对其模拟计算结果，对开挖支护设计和施工方案进行调整优化，以满足支护结构的安全性和稳定性。

4. 双曲拱坝体形三维设计优化

利用三维设计软件的参数化设计功能，可以通过调相应参数来优化双曲线拱坝的体形。例如，可以调整拱坝的曲线半径、曲线起始点和终止点、对称性等，以满足设计要求和项目需求。通过实时预览，可以直观地了解各种参数变化对拱坝体形的影响。再结合地质地形模型，可以更好地对坝体的体形进行优化，为坝体开挖、混凝土方量等带来良好的经济效益。将设计好的拱坝模型导入 CAE 软件中，还可对坝体的受力状况进行分析，包括荷载分布、变形位移、应力应变等，根据受力分析状况对坝体的体形进行进一步的优化调整，在安全性上满足了坝体的设计要求和目标。

4.3.1.3 成果案例

杨房沟水电站坝址河谷狭窄，两岸边坡高达 $500\sim600$m，危岩体众多，近坝区分布有大型崩坡积体和泥石流沟。根据其特殊的地质地形条件及项目设计需求，本工程挡水建筑物采用混凝土双曲拱坝，坝高为 155m，坝顶高程为 2102.00m。拱冠梁顶厚为 9m、底厚为 32m，厚高比为 0.206，最大拱端厚度为 34.9m，最大中心角为 86.84°。坝顶中心线弧长为 362.17m，弧高比为 2.34，共分为 17 个坝段。拱坝坝体混凝土约 75.81 万 m^3。

为满足坝体基础灌浆、排水、观测及交通的要求，在左、右岸高程 $2054.00\sim1955.00$m 间布置了基础灌浆排水廊道，采用城门洞形断面（宽 3m×高 4m）。分别在高程 1955.00m、2005.00m、2054.00m 布置了三层水平廊道，采用城门洞形断面（高程 1955.00m 断面为宽 3m×高 4m，高程 2005.00m 和 2054.00m 断面为宽 2m×高 3m），三层水平廊道通过位于 6 号坝段的 1 号电梯、位于 8 号坝段的 2 号电梯连接，形成立体交通。

基础灌浆排水廊道、水平廊道通过交通支廊道（城门洞形断面，宽 2m×高 3m）与相应高程的两岸坝外灌浆排水平洞、下游坝后桥、坝体排水泵房、电梯井相连接。具体如图 4.3-1 所示。

（1）边坡开挖。杨房沟项目利用三维设计软件进行了地形模型的创建，基于地形模型做了坝基、料场等处的开挖，并通过三维设计软件调整起坡线位置、坡比、开挖工程量等得到满足设计需求的开挖体型。

（2）坝线比选设计。杨房沟项目地形条件复杂，通过三维模型整合，对边坡深部裂缝、水流等与拱坝进三维空间分析，针对不同拱坝坝线位置进行技术、经济比选，更加高效、合理地确定技术可行、经济合理的坝线，显著提高了设计效率与质量。

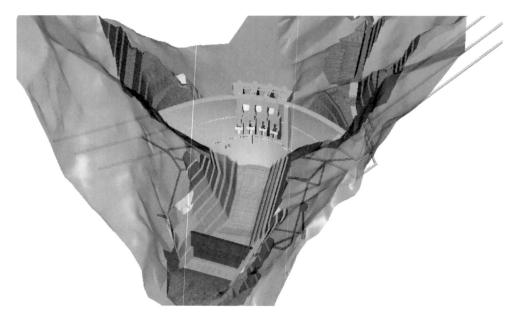

图 4.3-1　坝工各结构布置图

　　（3）拱坝体形优化。杨房沟项目利用三维模型，结合地质条件、经济效益、安全稳定等，进行了多次拱坝体形优化，从拱冠梁剖面、拱圈中心角、坝体厚度等方面拟定多种方案，对拱坝体进行了优化。优化后的拱坝坝体应力水平更加合理，拱坝－基础整体安全度得到提高，优化后的坝体混凝土减少约 8.1 万 m^3，坝基开挖减少约 21.9 万 m^3。

　　（4）三维设计出图。将各专业模型组装后，可针对固化的模型进行三维设计出图，可直接通过三维模型抽出二维图纸，并同时进行标注，大大提高了出图的效率。也可出具三维轴测图、剖切图、平面图等，三维图纸更立体化和更直观和高效，有助于对设计部位及详细构造的理解。

4.3.2　引水专业设计

4.3.2.1　引水专业设计内容

　　引水发电系统由进水口、压力管道、主副厂房洞、母线洞、主变洞、尾水调压室、尾水洞、尾水洞检修闸门室、尾水出口及出线竖井、出线平洞、地面开关站等组成，由引水、坝工、厂房、施工、水机、水文、水能等多专业配合完成引水发电系统的设计工作。其中引水专业负责主体水工结构部分，主要有进出水口、闸门井、引水洞身、调压井、尾水洞身等结构。

4.3.2.2　引水专业三维设计过程与技术要点

　　1. 三维协同设计方案概述

　　对于引水专业内部的三维设计，应根据专业内部的结构特点进一步划分模型，如按照进出水口拦污栅段、扩散段、闸门井、调压井、引水洞身、尾水洞身、进出水口边坡开挖等分别进行建模，最后进行专业内模型组装，完成引水专业三维设计。

　　2. 引水专业三维设计标准制定

　　为保证模型数据信息的规范，在进行三维设计前应制定本专业的三维设计标准，主要包含字体样式、线型、图层、颜色、模型格式、坐标系等要求。专业内标准的制定应与项目三维协同设计标准要求一致。

以图层管理为例，其标准可按如下规则制定：引水专业三维设计范畴内图层以本专业首字母命名为 YS，专业内各构件所属图层命名原则为"YS-构件名称首字母"，具体见表 4.3-1。

表 4.3-1　　　　　　　　　　引水专业各图层命名

序号	图层名称	结构名称	序号	图层名称	结构名称
1	YS-BL	板、梁结构	4	YS-GGJ	钢拱架
2	YS-PH	喷混	5	YS-MG	锚杆
3	YS-CQ	衬砌	6	YS-PSK	排水孔

3. 引水专业三维建模技术

引水专业三维设计内容根据结构特点大致可以分为大体积结构设计、线型结构建模及边坡开挖三部分内容。其中大体积结构设计部分主要有：进出水口拦污栅段、扩散段、闸门井、调压井等；线型结构建模主要为隧洞洞身部分、结构随隧洞中心线变化；边坡开挖部分主要位于进出水口处，该部分与地形结合较为紧密。上述三部分内容应根据其各自特点选用合适的建模方法。

（1）大体积结构设计。

1）常规简单体块。大体积结构设计建模主要通过多体块进行布尔运算完成，也是较为常用且大多数三维软件所具备的建模方式，输水系统中此类构件有进水口拦污栅段、进口扩散段等。首先通过拉伸形成多个主要构件体，然后通过合并、剪切、掏洞等布尔运算形成所需的结构。

2）复杂结构。对于曲面较多、形状复杂的结构，常规方法可采用线、面进行拼接的方式完成建模。输水系统中此类构件有闸门井、调压井等。首先绘制结构面的轮廓形成面域，将各个面域创建完成后缝合形成结构体。此方法适用于几乎所有结构，但建模效率较低。

输水系统中闸门井、调压井、钢岔管、渐变段等结构虽较为复杂，但结构样式较为固定，不同项目中该类结构仅部分尺寸不同，因此在具备条件的情况下可做成参数化结构，不同项目调用时，仅需修改参数即可，能极大地提高三维设计效率。

（2）线性结构建模。输水系统洞身部分主要为线性结构（即断面固定，结构随中轴线变化），可通过沿线拉伸的方法完成建模。首先确定隧洞洞身三维轴线，绘制出隧洞横截面，并将其按所需角度放置于轴线指定位置，沿该轴线拉伸成隧洞体。

由于输水隧洞洞身断面形式较为固定，常用的有城门洞形、马蹄形、圆形，因此可将上述几类断面做成参数化断面，方便建模时进行调用，提高三维设计效率。

（3）边坡开挖。隧洞进出口处地形通常需要进行开挖处理，该部分与地形数据紧密结合，常用开挖方法为创建出原始地形模型及设计边坡模型，使两者相交形成开口线，并将开口线内的原始地形面替换为设计边坡。

原始地形通常通过等高线、等高点等数据，使用三维软件自动创建出三维模型。而设计边坡则需采用点、线、面的方式自主完成三维模型创建。

三维开挖流程：确定进出水口开挖基准线，绘制边坡马道线，以马道线为数据基础创建形成设计边坡面，求出开口线，计算出开挖工程量，通过开口线裁剪原始地形及设计边坡面，将开口内的原始地形替换为设计边坡面，完成三维设计，如图4.3-2所示。基于三维设计形成的开挖方案相较二维设计也更加直观、合理。

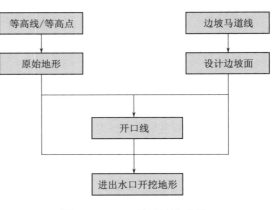

图4.3-2 三维开挖流程图

4. 引水专业成果案例

（1）进水口三维设计。杨房沟水电站进水口采用岸塔式，设拦污栅、检修闸门和快速闸门，进水口前缘总宽度为104m，顺水流方向长为28m，单个进口宽为26m，塔高约45m。工程进水口三维设计采用大体积结构的建模方式，通过拉伸、剪切、合并等建模方法分别创建出底板、拦污栅墩、顶板等结构，经合并、组合后形成完整的进出水口三维结构模型，如图4.3-3所示。

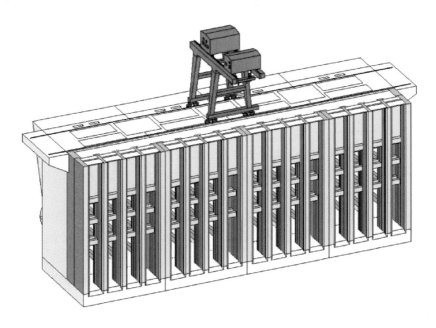

图4.3-3 进出水口三维结构模型

（2）渐变段三维设计。渐变段结构特点是不规则的曲面较多，因此采用线面拼接成体的建模方式。先绘制出渐变段关键结构线，通过结构线形成面域，然后缝合形成渐变段三维结构体块，如图4.3-4所示。

（3）隧洞洞身三维设计。隧洞洞身为线性结构，通过沿线拉伸的方式创建三维模型。根据隧洞关键点位绘制出三维轴线，再绘制出隧洞特征断面，将隧洞特征断面放置于轴线

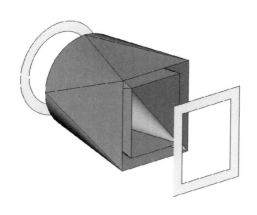
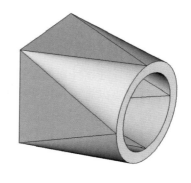

图 4.3-4　渐变段三维结构体块

指定位置，沿线拉伸形成三维隧洞结构。因引水隧洞截面类型有限，且绘制断面较为繁琐，杨房沟水电站工程三维设计过程中形成了引水隧洞参数化断面库，进行三维设计时直接调用预制的参数化断面，通过修改参数即可使用，大大提高了设计效率。隧洞洞身三维模型如图 4.3-5 所示。

（4）进出水口边坡开挖。杨房沟水电站工程引水进出水口边坡三维开挖主要采用点、线、面的方式，首先依据等高线及等高点数据形成三维地形面，根据设计需求绘制出设计边坡的关键线，以绘制的边坡关键线为基础形成设计边坡面，通过设计边坡面与原始地形求交得到开口线，计算出开挖工程量，再使用开口线分别对设计边坡及原始地形进行裁剪，将开口线内的原始地形面替换为设计边坡面，完成三维开挖设计。

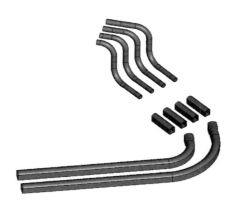

图 4.3-5　隧洞洞身三维模型

边坡三维开挖设计，能保证开挖方量、开口线更加精确，断面图绘制更加便捷、效率更高。同时，因三维模型更加直观的特性，也保证了开挖方案的设计更加合理。

4.3.3　施工专业设计

4.3.3.1　施工专业设计内容

施工专业主要是根据工程地形、地质、水文、气象条件，结合工程布置和建筑物结构设计特点，综合研究施工条件、施工技术、施工组织与管理、环境保护与水土保持、劳动安全与工业卫生等因素，进行相应的施工导流、料源选择、料场开采、施工交通运输、施工工厂设施、施工总布置、主体工程施工、施工进度等的设计工作。

根据具体项目的不同，施工阶段三维设计的内容也不尽相同。施工三维设计，通常是利用三维模型的可视化、可模拟性、可优化性等基本特点，对施工过程中所涉及的设计内容进行建模、模拟、优化，所涉及的基本原理和技术均有共同之处。本节仅对施工过程中常见的进度模拟、场地布置、基坑开挖、交互式道路设计的关键技术进行讨论。

4.3.3.2 施工三维设计技术要点

1. 施工进度模拟

施工进度计划是施工组织设计的关键内容，是控制工程施工进度和工程施工期限等各项施工活动的依据，进度计划的合理性，直接影响施工进度、成本和质量。因此施工组织设计的一切工作都要以施工进度为中心来安排。进度计划编排的合理性，会直接决定施工的人员、设备配置，影响施工方法的选择，直接关乎项目质量以及施工成本。

在三维模型的基础上，根据分部、分项工程划分情况，进行施工包的分解，对施工包中的各个构件进行编码，并挂接预先编排好的施工进度计划，实现基于三维模型的可视化进度模拟，对施工进度计划进行推演，通过反馈结果对进度计划进行优化，这一过程称为施工进度模拟。由于施工进度模拟技术是基于三维模型，并且使用了施工进度计划（即时间维度），故又称为 4D 施工进度模拟。施工进度模拟的关键技术有以下几点。

2. 施工模型创建

进行施工进度模拟时，要求施工模型与进度计划编排所使用的设计成果完全一致，所有需要施工的构件、工程量信息及与施工有关的特征信息应完全包含在内，即施工模型中的建筑构件对象需要根据进度计划中的作业活动进行细分。精确的施工模型是进行施工进度模拟的先决条件。

3. 施工包分解

实际施工过程中，需要把项目工作按阶段可交付成果分解成较小的、易于管理的组成部分。基于分解后的施工包，制订进度计划、资源需求、成本预算、风险管理计划和采购计划等。由于进度计划的制订本身依赖于项目的施工包，故在利用三维模型进行施工进度模拟前，也需要利用三维模型进行施工包分解，基于三维模型的施工包分解，基本原理与传统工程中的施工包分解并无差异。施工包在逻辑上拆解完成后，还需要使用专门的拆分工具、基于施工包的拆分结果对三维模型进行划分，划分完成后的模型才能进行施工进度的模拟。

4. 模型编码技术

模型编码是三维模型在计算机数据空间的唯一标识，一般包含了模型的构件分类信息、规格信息、位置信息等。当工程中包含多个施工包时，模型编码中还会包含对应的施工包信息。在模型编码中，不同的信息使用项目约定好的字符段（由字母和数字组成）表示。模型编码一般是一段包含字母和数字的字符串。

模型编码的规则一般是根据项目的整体状况统一制定的。在这一前提下，项目中的所有施工构件均基于同一套编码规则进行描述。

5. 进度挂接技术

进度挂接，即通过模型构件与进度任务之间的映射关系，将施工计划关联到构件上，而模型编码则是建立这一关联关系的标识。

同时，对于有图层功能的建模软件，在建模时将不同构件创建在不同的图层中，图层名称与进度计划中对应条目的名称一致，也可以实现模型与进度的管理。这种方式要求模型以施工包为单元进行创建，施工包中构件数量较少且不重复。

6. 进度模拟

进度模拟的基本原理是通过模型构件与进度计划的关联，将构件在时间维度上的变化信息添加到模型中。具有进度模拟功能的软件可以根据进度信息，通过控制构件的消隐、出现、生长的过程，实现进度模拟可视化的目的。

简单的进度模拟工具一般具备最基本的进度模拟功能，能对进度计划的合理性进行检验。高级的进度模拟工具，除了模拟进度外，还可以通过添加施工要素进行施工方案的模拟。

施工布置是根据工程总体安排，进行施工场地、交通及各项施工设施的规模、位置和相互关系的设计工作。它是施工组织设计的组成部分，也称施工总体布置。其主要内容包括场内外交通运输线路位置、施工场地分区、各施工辅助企业以及各类仓库的规模及其位置、施工场地和施工指挥系统的分区规划及临建房屋规模、土石方平衡方案、出渣线路和弃渣场地安排等。

基于三维模型进行施工布置时，通常会用到的施工技术有以下几项。

（1）场平设计技术。施工布置一般都会涉及场平设计工作。基于三维模型进行场平设计时，需要根据场地的设计成果对地形模型、地质模型等进行开挖或回填处理，在可视化的模型成果基础上，对设计方案进行优化。

场平设计重点和主要内容包括：①场平与场平、场平与道路的衔接设计；②场平内部的斜坡道路的布置；③与三维地质模型的结合；④开挖与回填工程量的计算。

场平设计一般遵循"由简入繁"的设计原则，前期规划设计往往不考虑边坡马道、内部道路及挡墙等细部结构。利用场平处理工具，结合地质分析软件快速确定场平位置与形状、布置高程等控制性因素，完成场平的前期规划设计工作。

为解决场平与场平、场平与道路之间的衔接问题，在进行三维建模前，需经专业间讨论确定模型的主次关系，先由前序专业完成主模型的总体设计，后续专业在此基础上进行本专业的三维建模设计。

（2）土石方调配技术。场平设计过程中往往需要对开挖、回填的土石方进行调配，特别是大型场地平整工作中，土石方调配对施工进度、建设成本、环境保护都起着重要的作用。传统的土石方调配效率低、不够直观，难以满足精细化、可视化施工的要求。

土石方调配的核心是在不改变工程开挖、回填总方量的情况下，通过优化施工时段、合理选择转运通道及堆存场地等方式，缩短转运距离，减少转运量，减少堆存时间，降低弃渣量和外购方量，进而达到节约工程投资，减少对项目周边环境的影响。

使用三维技术进行土石方调配时，需要根据测绘信息创建地形三维模型，基于创建好的地形模型，进行场平、转运道路、渣场内容的三维建模，在成果模型的基础上，计算土石方开挖量，成果模型及土石方开挖量作为三维土石方调配的基础；结合与开挖相关的进度计划，通过优化转运通道以及渣场或堆存场地的布置，在满足施工要求的情况下，实现转运距离短、弃渣路径便捷等目的，确定调运成本最经济、施工最合理的调配方案。转运道路、渣场内容设计建模，是一个反复迭代的过程。

（3）基坑开挖关键技术。为满足隐蔽工程施工，从地面向下开挖形成的地下空间称为基坑。基坑开挖通常会受到场地及周边环境的限制。合理的基坑开挖方案，既能充分保证基坑内隐蔽工程的施工要求和施工安全，又能尽可能减少基坑土石方及支护工程的费用，降低对周边环境的影响。

采用基坑开挖面智能建模、开口线求算、开挖方量计算等技术，基于三维数字地形构建多个不同基坑方案的三维模型，通过计算和比选确定相对合理的基坑方案，最大限度地减少基坑施工费用和对周围环境的影响。

基坑三维开挖技术采用常规的点、线、面建模方法，即绘制边坡关键线，生成边坡面，求算开口线，计算开挖方量。为方便方案比选，在创建基坑边坡面时，保持各个边坡面的独立性，方便后续方案调整，而在进行开挖方量计算时，复制出一份，合并成一个整体，并完成后续操作。此方法能有效减少重复工作量，提高方案比选效率。

（4）交互式道路设计关键技术。交通运输是项目施工过程中必不可少的一项工作，正确解决交通运输问题，对保证工程按计划实施和节约工程投资有重要意义，因此道路工程是一项重要的辅助工程，其设计方案往往需经多轮优化调整后方可敲定。

在传统二维制图环境下，因无法绘制道路三维中轴线以及自动生成边坡开口线，道路边坡分析只能采取沿程绘制大量剖面图以分析边坡高度及开口线位置，整个设计过程的大部分时间花费在重复的剖面绘制上，设计效率难以提高。

基于交互式设计流程，设计人员参照数字化的三维数字地形和地质三维模型进行道路的选线和纵断面设计；道路的平面选线成果和纵断面设计成果拟合称为道路的三维中轴线，根据道路中轴线附近的地质剖面，设计人员可以进行道路的横断面设计；道路中轴线和道路横断面关联后，可以自动生成道路模型。在交互式道路设计流程下，由于道路曲线和道路横断面高度参数化，后续任何的方案调整均是基于参数化，方案的调整可以自动的更新到模型中；而模板化的横断面设计成果，也能够便捷地在不同工程中传递和复用。

4.3.3.3　施工三维设计案例

基于施工三维设计的关键技术，通常能够实现场地布置、施工方案模拟、设备进场模拟等应用，各个应用的介绍、实施步骤如下。

1. 场地布置

（1）应用简介。施工场地作为建设活动进行的主要场所和载体，是展现施工企业现场管理水平和管理能力的窗口。采用三维技术进行施工场地布置，对施工各阶段的场地地形、既有建筑设施、周边环境、施工区域、临时道路、临时设施、加工区域、材料堆场、临水临电、施工机械、安全文明施工设施等进行规划布置和分析优化，提前发现施工空间冲突，辅助现场临时设施管理。

（2）实施步骤。施工场地布置应用内容包括施工设施设备模型库建设、场地布置及主要施工设备（如塔吊）运行模拟、临时设施工程量统计等。具体实施步骤如下。

1）收集施工场地布置基础数据，与施工单位确认数据的时效性。

2）根据施工单位场地方案，完成必要的施工机械设备、临时设施等模型库创建（含构件工程属性赋值），完成整个施工场地布置模型。

3）基于模型进行施工场地布置分析，评估方案的合理性，优化施工场地布置方案，提交业主审查。

4）基于确定的施工场地布置模型，进行漫游展示视频制作，辅助施工单位完成方案展示及必要的技术交底。

2．施工方案模拟

（1）应用简介。利用三维模型对施工方案进行模拟预演，通过对单个施工方案模拟或多个施工方案的分析、对比，达到合理配置资源、有效降低成本、缩短工期、提高工程质量的目的。施工方案包含多个应用方向，常用的有土方工程、大型设备及构件安装（吊装、滑移、提升等）、垂直运输、脚手架工程、模板工程等。

（2）实施步骤。施工方案模拟可分为两个步骤：基于施工组织方案和施工图模型完成施工工艺模型，并补充必要的施工工艺信息；基于模型输出施工方案模拟动画及施工方案分析报告。具体实施步骤如下。

1）明确关键施工部位，收集施工方案相关文本、规范、图纸等资料。

2）整理施工方案建模所需的设备设施构件，整理施工部位相关的施工图模型。

3）根据施工单位提供的施工组织方案进行施工模型完善。

4）配合施工单位，基于模型进行施工模拟，对于模拟过程中发现的问题，配合单位完成优化。

5）根据审核通过的施工模拟方案，输出施工模拟视频和相关技术交底视频、方案报告、图片等资料。

3．设备进厂模拟

（1）应用简介。项目实施过程中通常会有大量的大型设备设施需要安置。大型设备运输路径规划是各类工程机电工程施工的一个重点。大型设备运输路径的规划是否科学合理，不仅直接关系到工程的进度、成本，还涉及项目管理中的安全、技术、外部协调等。采用三维模型进行大型设备进场路径模拟，从设备参数、垂直吊装口选择、水平路线及运输路线选择等多方面综合考虑，用可视化的手段验证方案的科学合理。

（2）实施步骤。大型设备进场路径模拟应用主要工作内容包括大型设备等的模型库制作，场地模型更新及基于模型的路径检查模拟，大型设备统计、设备进场计划编排等。具体实施步骤如下。

1）收集基础数据，校核数据的准确性。

2）根据施工单位提供的大型设备进场初步方案及进度计划等，结合已有的模型，完成设备进场所需的三维模型。

3）校验模型的完整性、准确性。

4）对相关大型设备附加相关信息进行方案模拟分析，如设备安装检修空间和检修路径模拟。

5）依据模拟分析结果，选择最优施工场地规划方案，生成模拟演示视频。

6）进行成果归档。

4.4 工厂三维协同设计

4.4.1 水电站厂房布置三维协同设计简介

水电站厂房是将水能转换为电能的最终场所，是水电枢纽的主要建筑物之一。它必须能容纳水轮发电机组及其辅助设备和电气装置；必须有检修车间、安装场地和相应的对内对外交通；必须提供运行管理人员进行操作的工作场地。因此，水电站厂房设计人员不仅要考虑到水电站的运行方便，而且要投资较少和安全可靠。水电站厂房的形式往往是随不同的地形、地质、水文等自然条件和水电站的开发方式、水能利用条件、水利枢纽的总体布置而定。

水电站厂房按装置的水轮发电机组适用水头的大小，大致可分为低水头厂房（一般是水头 $H < 30m$）、中水头厂房（$30m \leqslant H \leqslant 100m$）和高水头厂房（$H > 100m$）；厂房按水电站开发方式不同可分为河床式（集中开发）、坝后式（集中开发）和引水式（混合开发）等型式；厂房按结构形式和布置的不同，又可分为地面厂房、地下厂房、坝内厂房、溢流（或挑流式）厂房、露天或半露天式厂房等。这些厂房的下部结构大同小异，主要差别在上部结构和围护结构，厂房内各机电设备布置内容相差不大，最大的差别就是空间几何上的布置。

水电站厂房包括大体积、板、梁、柱、钢结构等水工结构，电气一次、二次专业的电缆桥架，暖通专业的通排风管道系统、冷热水管系统，给排水专业的给水排水管道系统、消防供水系统，水力机械专业的水、油、气系统，水轮发电机组以及相关配套设备。对于复杂的水电站厂房设计，要求各专业内部及各专业之间不得存在漏、碰、撞现象。随着科学技术的发展和工程建设工艺的提高，工程建设周期日趋缩短，客观上在技术、经济、质量等方面对水电站厂房各专业的设计提出更高的要求，也更加要求设计过程中采取更加有效、更高质量的设计成果，当前对水电站厂房各专业的设计采取三维协同设计已经是主流方向，从 2000 年初至 2024 年，华东院的三维设计经过 20 年的发展，形成了一整套成熟的三维协同设计解决方案，而这套解决方案已经得到业内普遍认可。

4.4.2　水电站厂房三维协同设计解决方案

水电站项目的建设周期与常规工程项目一样，需要经历项目的立项阶段、实施阶段和运维阶段，水电站厂房三维协同设计解决方案主要体现在不同设计阶段各专业如何开展协同设计工作的工作流程、各专业不同阶段的模型精细度等内容上，水电站厂房三维协同设计主要内容见表 4.4-1。

1. 水电站厂房三维协同设计工作流程

水电站厂房的三维协同设计工作通常是由水工结构专业（以下统称厂房专业）先完成整个水电站厂房的框架结构搭建，发电站的空间位置、机组间距、水电站各层的层高、房间的主要功能区划分、主要框架（梁、柱、板）等结构，无论水电站厂房在哪个设计阶段，均要求精确定位、精确建模，不同阶段各部位的模型细度不一样。水电站厂房框架搭建完成或者完成一部分，其他专业就可以在三维协同设计平台开展相应部位的专业模型建模，如建筑专业技术人员可以布置墙门窗等建筑构件，机电专业则在相应空间内完成管路和设备布置。各专业技术人员在创建本专业的模型时，应该参考相关专业的模型文件，尽可能在建模初期避免模型与模型之间的碰撞问题。

2. 水电站厂房在三维协同设计工作过程中主要的配合工作

（1）在预可行性研究、可行性研究阶段，水电站厂房三维协同设计主要工作内容是基于预定的水力发电重要设计参数和基于此阶段完成的三维模型提交相关设计参数，配合枢纽设计相关专业进行水电工程枢纽布置及坝型选择。

预可行性研究是在投资机会研究的基础上，对项目方案进行进一步技术经济论证，对项目是否可行进行初步判断。可行性研究是运用多种科学手段（包括技术科学、社会学及系统工程学等）对拟建工程项目的必要性、可行性、合理性进行技术经济论证的综合科学。在此阶段需要建立的主要模型是：测绘专业和地质专业需要建立工程区域可选择建设方案的三维地形模型和三维地质模型，水电站厂房相关设计专业根据地形、地质、预定发电装机容量等确认水电站厂房选址方案。预可行性研究、可行性研究阶段各专业模型的精细度应满足工程阶段计算规则要求。

（2）在招标阶段或者初步设计阶段，参与水电站发电厂房协同设计的各专业，在协同设计过程中应该完成如下建筑结构和相关机电设备内容，确保模型在该阶段的完整性，缺少任何专业的模型内容都是欠缺的协同设计。

厂房结构和建筑专业，应完成厂区内所有建筑物各层板、梁、柱、楼梯、混凝土墙、大体积混凝土、底板（包括电缆沟、排水沟）、衬砌、砖墙、圈梁、构造柱、门、窗、吊顶、装修地面、洁具、爬梯、盖板的模型建立和优化确认，重点部位结构体和墙体开孔，招标阶段模型主要用于抽取土建标招标附图、工程量计算和各专业之间的碰撞检查，专业模型的完整性确保三维模型计算工程量准确、抽取的招标附图清晰明了。

水机专业，应完成水轮机及其附属设备、技术供排水系统、检修排水系统、渗漏排水系统、气系统、油系统、机电消防系统、起重设备的三维模型的建立和优化确认，同时抽取各系统图和设备布置图作为招标附图，利用三维模型统计招标工程量。

电气一次专业，应完成发电机及其附属设备、主变压器、封闭母线、GIS 设备、出线场、盘柜、电缆桥架、照明设备等的三维建模。通过三维模型对离相封闭母线、主变压器、GIS 设备、盘柜、电缆桥架等设备的布置进行优化，优化后通过固化的三维模型对厂房墙体及楼板的开孔等进行提资。生成的三维模型在 GIS 和封闭母线这种布置较为复杂的设备招标过程中可以发挥重要作用，同时通过三维模型完成三维轴测图也可以加快发电厂房工程参建各方对电站主要电气设备布置方面的了解。

电气二次专业，应完成电站各部位的盘柜、端子箱、火警探测器、摄像头等模型布置，便于协同各专业三维模型进行碰撞检查以及布置的合理性检查。在固化的三维模型基础上，完成厂房内各区域的电二盘柜布置图和火警、通信、工业电视以及门禁系统图等。

暖通专业，应完成电站各部分的通风空调模型建立与碰撞检查、碰撞协调工作，并在模型固化的基础上，进一步利用已建模型抽取招标阶段各部位通风空调系统布置图图纸。

给排水专业，在厂房建筑专业完成的模型基础上，应完成全厂消防和水处理系统的设备及管路模型的建立和优化。

（3）在技术施工设计出图阶段，水电站厂房三维协同设计的主要工作内容是基于协同设计平台的专业综合审查与设计优化。

通过模型浏览、碰撞检查、三维校审会签等技术手段，基本消除了专业间的冲突，也使得最终的设计方案达到最优。尽管三维软件在建模、专业配合、设计思路阐释等方面有诸多优势，但是由于目前施工现场还是以二维纸质施工图为主，三维设计成果仍然需要转化为二维成果才能付诸实施。三维设计专业软件应保证抽切图功能及其与二维 CAD 制图软件的良好接口，将三维成果转换成二维施工图。

表 4.4-1　　　　　　　　　　　　　水电站厂房三维协同设计主要内容

专业	水电站厂房三维协同设计内容
厂房建筑	所有建筑物各层板、梁、柱、楼梯、混凝土墙、大体积混凝土、底板（包括电缆沟、排水沟）、衬砌、砖墙、圈梁、构造柱、门、窗、吊顶、装修地面、洁具、爬梯、盖板等
水机	水轮机及其附属设备、技术供排水系统、检修排水系统、渗漏排水系统、气系统、油系统、机电消防系统、起重设备、所有阀门管路等
电气一次	发电机及其附属设备、主变压器、封闭母线、GIS设备、出线场、盘柜、电缆桥架、照明设备、电缆埋管等
电气二次	盘柜、端子箱、火警探测器、工业电视、门禁等
暖通	空调机组、冷冻水泵、风管、水管、阀门、风口等
给排水	气体灭火系统、泡沫灭火系统、消火栓、污水处理系统、管路、阀门等

4.4.3　水电站厂房三维协同设计成果

杨房沟水电站在项目设计初期，首先通过协同设计管理平台对参与该工程的不同专业、不同层级的用户和角色进行权限管理，对审查、校核、设计等不同层级的人员的权限进行设置，使得人员权限与文档状态相配合，合理控制文件的一致性，避免文件多版本管理混乱的情况。

其次依据华东院《三维协同设计平台管理规定》在三维协同设计平台上搭建了标准的项目文件目录体系，并严格按照规定为各专业设计文件命名。

同时，项目基于华东院《三维模型的技术标准》的要求定义了一套模型的属性标准，按照对象分类，分别定义了模型的图层、颜色、文字标注样式、工程属性、编码等的属性标准，并将标准管理文件托管至三维协同设计平台服务器，实现了建模标准的"云推送"，保证了建模标准的统一性。

1. 厂房专业

厂房专业中大体积混凝土和其他非标准结构构件使用三维设计，相较传统二维设计有着明显的优势。厂房专业往往在工厂三维设计中最早介入，在传统模式下，厂房专业与其他专业之间缺乏有效的信息沟通渠道，信息传递不流畅。这不仅造成了生产效率低下，严重资源浪费，也带来了不断的重复工作，特别是项目初期，频繁调整必然带来与其他设计专业之间的图纸反复修改交互。

杨房沟水电站项目采用全专业全过程应用协同设计平台进行协同设计，效果如图4.4-1所示。在进行结构设计工作的时候，厂房专业的工作成果可被其他专业实时参考，并在此基础上设计和创建各自的模型。与此同时，其他专业的设计成果也可以被结构工程师实时调用和查看。双方在相互参考的过程中完成对模型的构建与修改。

同时三维设计平台可自动生成构件明细表，里面详细罗列了构件的几何参数、结构用途甚至造价信息。这样可及时发现并避免不必要的资源浪费，真正做到基于经济性的结构优化设计。

2. 水机专业

水电站水机专业的主要设计工作包括水轮机/水泵水轮机选型设计、主进水阀选型设计、调速器系统选型计算、起重设备选型设计及水力机械辅助系统设计。其中水力机械辅助系统设计中包括技术供排水系统、检修及渗漏排水系统、透平油和绝缘油系统、中低压压缩空气系统、水力监视测量系统、机电设备消防等各系统中的设备、阀门、管路及自动化元件的选型设计及布置等内容。

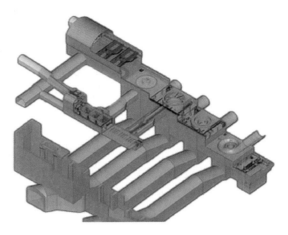

图 4.4-1　杨房沟水电站发电厂阶梯剖面图

水机专业作为水电站设计的重要专业之一，前期需根据地质、水文、规划、水能等上游专业提供的基础资料，进行水电站水机主设备的选型研究，规划水电站主机参数及主厂房尺寸，并反馈给下游包括厂房结构、引水、电气等相关专业，在互相配合中确定整个电站的枢纽布置以及厂房布置等，同时还要全盘考虑与电气、暖通、给排水、建筑、金属结构等专业的协同设计。在水电站招标、技施阶段，由于水电站工程建筑物空间结构的复杂性，厂房内各专业交叉界面繁多，设备布置紧凑，管道线路布置复杂，水机专业设计人员需要有很强的立体概念和空间想象能力。因此，随着技术的发展和要求的提高，水机专业需要三维协同设计技术提升设计手段。

3. 电气专业

水电工程电气专业三维设计，主要是围绕水电站主、副厂房或建筑物、枢纽建筑物以及配套开关站工程等内容开展电气设备的建模和布置，建立具有几何属性、电气专业属性和约束关系的三维可视化图形模型及其连接、装配模型等，完成碰撞检测，抽取二维图纸并生成材料报表。此外，可以利用三维设计软件，辅助进行电气一次、二次系统的计算和原理图设计。三维模型、二维图纸和材料表是该专业三维数字化产品的主要内容，具体设计内容范围包括以下两方面：

（1）电气一次专业主要起到电力电能生产、输送的作用，并且为其他相关专业如电二、水机、暖通、给排水、金属结构等提供电源。

（2）电气二次专业主要实现对水电站机电设备监视、控制、测量、调节和保护的低压电气设备和系统的设计，包括控制系统、继电保护及自动装置、直流系统、二次接线、工业电视和门禁系统、通信系统和火灾自动报警等。

4. 暖通专业

暖通专业三维设计是指通过三维设计软件对暖通空调设备、风管、水管、阀门及附件等进行模型可视化、参数信息化表达，它是暖通三维数字化产品的重要组成部分。

5. 给排水专业

给排水专业作为水电站设计中的附属配套专业，在水电站中主要的设计内容包括发电厂房及其他附属建筑物的室内外生活给排水系统、室内外消防给水系统及移动灭火设备。室内外消防给水系统包括室内外消火栓给水系统及固定灭火系统。

通过三维模型可直观展示给排水各系统间的位置关系，以及给排水专业模型与其他专业模型的相对位置关系，有效避免设计过程中出现碰撞问题，提高设计精确度。

6. 建筑专业

在水电站发电厂房设计初期，建筑师只需要在厂房结构专业的基础上对建筑体量做初步的设计，在接下来的模型细化工作中，建筑师将依照结构和设备安装专业的工作进度，再逐步对建筑进行细化设计。建筑师在设计初期要将一些必要的信息确定下来，比如墙的厚度、窗户的尺寸、门窗的类型等。由于是基于统一的协同平台上设计并参考各专业模型至本专业文件，建筑师能清楚地看到建筑的结构以及管道的分布，进而可直观确定门、窗的具体位置避免在二维设计过程中因协调不到位而导致门、窗位置与相关机电专业设备、管路之间存在重叠、碰撞或者布置不合理现象，也可明确墙体对象的具体选择，如实墙或者玻璃幕墙。

由于可视化的协同设计优势，建筑师可提前体验建筑并提前发现设计问题。比如建筑师发现大厅的一根柱子影响到了建筑的室内空间感受，便可与结构工程师协商在结构模型中取消或改变柱子的位置，而这些调整在基于协同设计平台的规范流程下十分便捷。高效的设计调整有助于建筑设计方案达到最优解，不会在建筑落成的时候出现遗憾。

7. 机电安装配合

机电安装包括暖通、给排水、水机、电气在内多个专业。机电安装设计一直是项目工程的难点，水电站机电设计配合专业众多，设备和管路布置繁杂，传统的二维设计经常出现机电专业设备、管路之间打架或布置不合理情况。

在杨房沟水电站三维数字化设计中，通过合理的管线配色与图层显示来管理。机电设备管路在可视化的三维模型中集中显示，布置走向"一目了然"，通过工厂三维模型虚拟现实的漫游，减少了机电设备不合理的布置，通过自动碰撞检查，基本消除了设备间打架的情况，同时利用机电三维数字化模型，指导厂房内机电设备和管路二次工艺设计施工，大大提高了机电设备布置的科学、合理与美观程度。

8. 质量管理

华东院从三维设计开始就非常注重对三维设计相关的设计流程、质量管理等体系的深入研究，率先建立了水电水利行业完备的具有可操作性的数字化产品质量管控体系。基于该体系华东院已发布实施了《勘测设计产品技术质量责任和质量评定标准》《地质三维系统生产技术管理规定》等 20 多个企业标准。

华东院的质量管控体系对数字化产品提出了完整性、准确性、合规性、安全性的质量要求，并详细定义了三维设计产品中可能存在的原则性差错、技术性差错和一般性差错，严格控制产品质量等级。

同时，华东院制定了严格的三维产品质量审查流程，详细规定了完整性检查、合理性检查、碰撞检查、版本固化、三维出图等审查要求。

9. 三维出图

在三维设计模型的基础上进行出图，出图效率高低和质量优劣，主要取决于抽图定义的自由度。自由度主要体现在：定制化的剖视样式、分专业的出图规则设置、自动化标注、自动符号化出图、自动图案填充等。

部分通过三维协同设计完成的厂房布置图如图 4.4 - 2～图 4.4 - 4 所示。

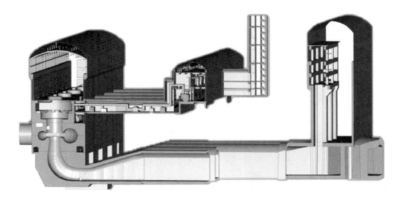

图 4.4-2 地下三大洞室横剖面图

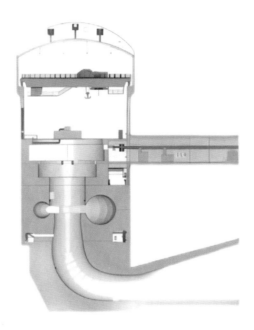

图 4.4-3 主副厂房洞横剖面图（机组段）

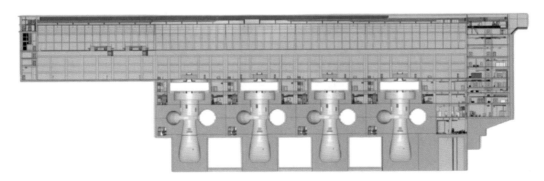

图 4.4-4 主副厂房洞纵剖面图

4.5　三维协同设计组织及成果

1. 协同设计组织

三维协同设计工作要求高、周期长，因此在工程中成立了三维协同设计协调工作组，由工程设计工区主任担任协调工作组组长，定期召开工作协调会，确保三维设计工作有序进行。

工程特别部署基于服务器/客户端的三维协同设计平台，设计人员通过完善、细致的授权机制，根据项目不同阶段的三维模型版本固化次数，创立不同文件夹，根据设计的不同需要，如碰撞检查、出二维图纸等不同场景控制嵌套层数和切图要求，做到"一个模型多个用途"。

同时，为规范杨房沟水电站工程三维设计工作，保证三维设计成果的统一性、完整性和准确性，满足工程建设期及运行期管理的需要，制定工程三维协同设计技术要求。该要求参照《水电工程三维地质建模技术规程》（NB/T 35099—2017），将本工程三维模型几何表达精度和单元信息深度划分为 4 个等级，并详细规定了工程三维模型的各设计阶段建模内容及详细程度、图元属性及工程属性等内容，涵盖勘测、地质、水工、建筑、机电等全部设计专业内容（图 4.5-1）。

2. 三维协同设计成果

经各专业协同设计，形成各阶段建筑物模型、机电模型、开挖模型、三维地质模型、灌浆模型等工程全类型模型，如图 4.5-2 所示。在此基础上，形成工程枢纽、工厂三维图册，包含枢纽布置图、引水发电系统布置图等近百张综合图纸和专业图纸。

- S01-三维模型A版
  - A06-坝工专业
  - A07-厂房专业
  - A08-引水专业
  - A09-观测专业
  - A10-建筑专业
  - A11-电一专业
  - A12-电二专业
  - A13-水机专业
  - A14-暖通专业
  - A15-给排水专业
  - A16-金结专业
  - A17-施工专业
  - 碰撞检查
  - 三维模型总装
  - 项目校审
- S02-三维模型B版

图 4.5-1　杨房沟水电站协同设计

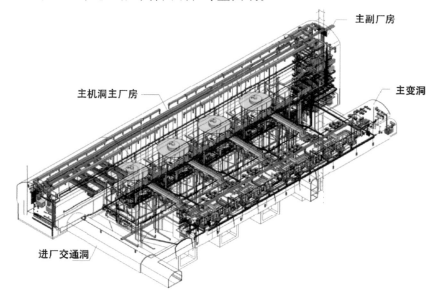

图 4.5-2　协同设计成果

第5章 数字化建设管理平台

5.1 平台设计概述

5.1.1 平台建设原则

采用设计施工一体化理念建设杨房沟水电站的数字化施工管理平台，结合水电项目建设的特点，并遵循以下七项基本原则。

（1）符合水电站现有工作模式。系统的研发与应用目的是加强水电站施工和运行维护的管理，系统的运行不能对水电站现有管理体系造成大的冲击。因此，系统首要设计原则即是在不改变电站现有的工作模式的前提下，实现设计施工一体化、大坝安全监测、电厂设备全生命周期管理等。

（2）信息及时采集、传递和集中管理。系统设计应遵循开放性原则，在信息管理方面应满足异地数据的采集、数据的远程网络传输与集中存储管理，以及设计、建造、运行维护各阶段数据可有效继承、连通等要求。

（3）系统功能完备。为支撑整个水电站全生命周期管理工作，系统应具备信息采集、信息处理、信息远程传输、计算分析、图形分析、报警监控等功能。

（4）专业化数据处理和分析。水电站信息具有专业性高、数据量庞大等特点，系统通过对数据信息进行集中化存储管理，最终形成水电站大数据。系统在功能架构设计初期应充分考虑到工程大数据的专业性统计分析需求，以工程分析数据指导工程实际施工和运行维护管理，提升工程管理效益。

（5）使用简单、操作便捷。系统在功能实现方式上将兼顾用户已有的思维和工作习惯，降低用户学习新软件的难度；在界面设计方面吸收用户已有软件系统的设计风格并加以美化；增加人性化向导功能，引导用户自己完成相应操作。

（6）便于升级与维护。为确保系统后期改造升级的可行性，降低日常维护工作量，将基于高内聚、低耦合的原则设计整个软件架构，在保证系统内在联系的前提下，对整个软件系统实施有效分解，降低系统的复杂度，为系统的升级改造创造便利条件。

（7）系统安全可靠。整个系统应该能够长时间安全可靠地运行。通过硬件和软件等多方面的措施来确保系统的安全性和可靠性。尽量不增加已有网络的安全负担，通过适当的硬件冗余、数据传输加密、数据备份确保系统的安全和可靠。

5.1.2 平台建设目标

（1）建立科学的智慧运作体系。提升项目精细化管理水平，构建科学、合理的工程建设项目全过程管控模型，验证完整、规范、实时、高效的信息采集、传输、管理、服务、应用体系，完成以高效、协同、智慧的应用为导向的智慧分析、评估、决策、反馈体系。

（2）打造统一的智慧技术架构。以工程建设实际为需求，充分利用通信技术、BIM、云计算、物联网、大数据等先进技术，建立感知层、洞察层、决策层的整体技术体系，打造统一的支撑工程建设项目全过程管控的技术平台架构。

（3）建设先进的智慧应用单元。结合工程建设实际，根据工程建设内容划分管控目标，以自动化、精细化、智能化为应用目标，以工程全信息三维模型为载体，将计算机技术、通信技术、控制技术、识别技术和工程建造过程有机结合，建设先进的智慧应用单元，并以各个智慧应用单元为基础构建完整一体化管控平台，实现对工程建设各个环节的高效管控。

（4）制定统一的智慧标准体系。结合工程的建设现状和当前存在的问题，充分借鉴、吸收国内外现有同类标准，制定统一的智慧标准体系，促进技术、业务、管理的融合协同，为服务支持提供保障。

（5）形成一流的智慧管理能力。通过智慧工程的建设，全面提升工程项目建设管理的全方位感知能力、及时的问题洞察能力、实时的风险管控能力和智能决策能力，形成以智慧工程为依托、管控模型为支撑的建设方主控和各方参与的全方位管控模式，实现"高标准开工、高水平建设、高质量投产、高效率收尾"的工程建设总体。

5.1.3　平台建设任务

建立基于 BIM 的智能建管平台，满足大型水利水电工程建设期内各级单位和人员的工程管理要求，实现基于 BIM 和数字化技术的进度、质量、投资、安全等方面的智能化管控。主要建设任务如下。

（1）数据库系统软件和硬件采购安装对系统所需的数据库系统软件和硬件完成采购、集成、安装、调试，建立系统的网络环境、操作环境、硬件平台，同时完成备份机制的建立和备份软件安装调试。系统主要的数据库系统软件和硬件包括 Oracle 11g、数据库服务器、文件服务器、Web 服务器、应用服务器、通信服务器、数据备份服务器、文件备份服务器、服务器机柜、交换机等。

（2）工程数据中心的建设开发建立工程数据中心作为本系统的数据、文档的存储与管理载体，并开发数据通用接口，提供数据共享服务，并提供接收其他系统数据的服务。

（3）系统功能管理模块开发系统账户管理、角色管理、权限管理、文档存储管理、文档预览、三维模型浏览、图表展示等功能，以 B/S 方式运行，数据存储于工程数据中心。

（4）系统门户设计与开发设计和开发系统门户网站，整合系统所有数据资源和业务功能，实现集成管理，为用户提供统一的访问和管理界面。

（5）流程引擎模块的设计开发实现计划审批、计划执行、验收申报表审批等流程的任务分发，并对流程执行情况进行管理和监控，同时为进度管理、质量管理等模块服务。

（6）消息机制模块的设计开发实现系统内预警预报、邮件手机消息提醒等基础功能。

（7）施工 BIM 信息管理模块的开发基于 BIM，开发单元工程信息通过手动输入或 Excel 导入、与三维模型关联、单元工程信息管理与维护等功能，以 B/S 方式访问和交互，将数据存储于工程数据中心。

（8）工程进度管理模块的开发基于施工 BIM，通过软件开发，建立工程合同进度、工程施工计划、实际进度信息等与三维模型的关联，实现三维模型计划进度、实际进度的整编输入、三维展示、分析对比功能，以 B/S 方式访问和交互，将数据存储于工程数据中心。

（9）工程质量验评管理模块的开发基于施工 BIM，将工程建设过程中的关键部位、关键施工工序（含挡水建筑物的开挖工程、支护工程、混凝土工程）质量验评工作进行"无纸化"管理，包含质量验评表单的结构化、质量验评管理流程、基于移动设备的现场验评、质量验评档案上传归档、基于 BIM 的质量信息展示等功能。

（10）工程文档管理模块的设计开发对系统内存储的工程图纸及文档进行目录结构化，并可通过关键词方式进行查询预览。

（11）灌浆智能化监控部分的设计开发在系统中设置灌浆智能化监控模块，建立灌浆监控实时数据与历史数据等数据接口，实现灌浆过程的智能化监测。

（12）工程安全监测信息查询模块的开发以 BIM 为基础对象，将工程安全监测自动化系统的关键信息进行整合，实现基于 BIM 采用三维导航方式的安全监测信息的查询，包括监测仪器台账、监测仪器当前读数、监测数据过程曲线、施工信息、多个设备仪器对比分析、报警事件提醒等。

（13）施工期视频监控信息查询模块的开发以 BIM 为基础对象，将施工期视频监控系统的视频信息进行整合，包括各摄像头的视频画面、摄像头远程控制等。

（14）水情测报信息查询模块的开发通过软件开发将水情测报系统信息进行整合，包括水文站、水位站、雨量站、水系河道分布情况等，对于超过预警指标的水雨情信息，能够以不同的颜色进行警示。

（15）混凝土智能温控信查询模块的开发以 BIM 为基础对象，通过软件开发将大坝混凝土温控系统的关键信息进行整合，实现基于 BIM 采用三维导航方式的温控信息查询，包括各仓历史施浇筑信息、通水信息、各仓温度、出入口温度、报警事件提醒等，以 B/S 方式访问和交互，将数据存储于工程数据中心。

（16）危岩体防控模块的开发以 BIM 为基础对象，通过软件开发，将危岩体的基础信息、防控信息、监测情况等各项信息与三维模型相关联，实现基于三维模型的危岩体防控查询，确保危岩体管理受控。

（17）数据接口开发与维护开发。本系统通过工程管理信息系统、流域大坝安全信息管理系统、施工期视频监控系统、大坝混凝土智能温控系统、高拱坝建设仿真与质量实时控制系统的数据接口，实现相关数据的自动输入或访问。

5.2 设计方法和工具

5.2.1 设计方法

在系统设计过程中，详细设计是至关重要的一环，它确保了系统的功能、性能和可靠性得到满足。以下是采用的详细设计方法：

（1）模块化设计。为了确保系统的可维护性和可扩展性，采用模块化设计方法。这种方法将系统划分为多个独立但相互关联的模块，每个模块都有明确的功能和责任。这不仅使得系统的开发和测试变得更加容易，而且在未来需要对某一部分进行升级或修改时，也不会影响到其他模块。

（2）面向对象设计。采用面向对象的设计方法，这意味着系统中的每一个实体都被视为一个对象，都有其属性和方法。这种方法有助于提高系统的灵活性和可重用性，同时也使得系统更加直观和易于理解。

（3）数据流图（DFD）设计。为了更好地理解和展示系统中数据的流动，使用数据流图来表示。这种图形化的表示方法可以清晰地展示出系统中各个模块之间的数据交互关系，有助于确保数据的完整性和一致性。

（4）实体关系图（ERD）设计。考虑到水利水电工程建设管理系统涉及大量的数据和实体，采用实体关系图来描述数据之间的关系，这有助于设计出一个结构化、高效且稳定的数据库。

（5）正规化设计。为了确保数据库的效率和减少数据冗余，对数据库进行了正规化设计。通过这种方法，确保了每个数据表都有其特定的用途，且数据之间的关系得到了合理的组织。

（6）原型设计。在详细设计的初期阶段，采用原型设计方法，创建了一个初步的系统原型。这个原型允许与用户进行交互，从而更好地理解用户的需求和期望，确保系统的设计方向正确。

（7）安全性设计。考虑到水利水电工程的重要性，需特别重视系统的安全性设计。这包括了数据加密、用户权限管理、异常处理等多个方面，确保系统在各种情况下都能稳定、安全地运行。

5.2.2　设计工具

在系统设计过程中，选择合适的工具是确保设计质量和效率的关键。以下是在设计过程中采用的主要工具：

（1）统一建模语言（UML）。UML 是一种标准化的，用于描述、构建和文档化软件系统的图形化语言。使用 UML 工具，如 Rational Rose 或 StarUML，来创建系统的类图、用例图、序列图等，从而清晰地描述系统的结构和行为。

（2）数据库设计工具。为了设计和管理数据库结构，使用了如 Oracle SQL Developer、MySQL Workbench 或 Microsoft SQL Server Management Studio 等数据库设计工具。通过这些工具，可以可视化地创建、修改和优化数据库结构。

（3）原型设计工具。为了快速创建和测试系统的原型，使用如 Axure RP、Adobe XD 或 Figma 等原型设计工具。通过这些工具允许创建交互式的原型，从而更好地与用户沟通和收集反馈信息。

（4）版本控制工具。为了管理代码和文档的版本，确保团队成员之间的协作，使用了如 Git 或 Subversion 等版本控制工具，并结合 GitHub 或 Bitbucket 等平台进行协作。

（5）项目管理工具。为了确保项目的进度和任务得到有效管理，使用了如 Jira、Trello 或 Microsoft Project 等项目管理工具。这些工具有助于跟踪任务、分配资源和监控项目的整体进度。

（6）性能测试工具。为了确保系统的性能满足需求，使用了如 LoadRunner 或 JMeter 等性能测试工具来模拟大量用户并发访问，从而测试系统的负载能力和响应时间。

（7）安全性测试工具。考虑到系统的安全性，使用了如 OWASP ZAP 或 Burp Suite 等安全性测试工具来检测潜在的安全威胁和漏洞。

（8）文档编写工具。为了编写和管理设计文档，使用了如 Microsoft Word、LaTeX 或 Confluence 等文档编写工具，确保文档的结构化、清晰和一致。

5.2.3　开发工具

本研究运用的开发工具主要有：

（1）Django。Django 是一个开放源代码的 Web 应用框架，由 Python 写成。Django 已经成为 Web 开发者的首选框架，是一个遵循 MVC 设计模式的框架。MVC 是 Model、View、Controller 三个单词的简写，分别代表模型、视图、控制器。它强调代码复用，多个组件可以很方便地以"插件"形式服务于整个框架，Django 有许多功能强大的第三方插件，用户甚至可以很方便地开发出自己的工具包。这使得 Django 具有很强的可扩展性。它还强调快速开发和 DRY（Do Not Repeat Yourself）原则。

（2）Django REST framework。Django REST framework 是基于 Django Web 框架用于构建 Web API 的强大而灵活的工具包框架。使用该框架可以实现快速、高效开发以及以更加友好的方式实现数据呈现。与其他框架相比，具有以下独有特性：认证策略包括 OAuth 1a 和 OAuth 2 的包；支持 ORM 和非 ORM 数据源的序列化；更加优秀的视图表现。

（3）Docker。Docker 是一个开源的应用容器引擎，可以让开发者打包他们的应用以及依赖包到一个可移植的镜像中，然后发布到任何流行的 Linux 或 Windows 机器上，也可以实现虚拟化。容器完全使用沙箱机制，相互之间不会有任何接口。Docker 使用客户端-服务器（C/S）架构模式，采用远程 API 来管理和创建 Docker 容器。Docker 容器通过 Docker 镜像来创建。容器与镜像的关系类似于面向对象编程中的对象与类。Docker 采用 C/S 架构 Docker Daemon 作为服务端接受来自客户的请求，并处理这些请求（创建、运行、分发容器）。客户端和服务端既可以在一个机器上运行，也可通过 Socket 或者 RESTful API 进行远程通信。

（4）React。React 是一个用于构建用户界面的 JavaScript 库，当数据改变时 React 能有效地更新并正确地渲染组件，让创建交互式 UI 变得轻而易举。其组件化的特性使得数据可以轻松地在应用中传递，实现状态与 DOM 分离。

（5）Ant Design。Ant Design 是一款服务企业级产品的前端 UI 框架，提供了一系列稳定且高复用性的页面与组件。通过模块化解决方案，降低冗余的生产成本，让设计者专注于更好的用户体验。

（6）Babel。Babel 是用于将 ES6 语法编译成 ES5 语法的工具链，从而增强代码在各版本浏览器环境的兼容性。目前，Babel 已支持了最新版本的 JavaScript 语法，且对于目前尚未被浏览器支持的语法可以通过插件实现兼容。

5.2.4　测试工具

本研究应用到的测试工具主要如下。

（1）JMeter。Apache JMeter 是 Apache 组织开发的基于 Java 的压力测试工具。用于对软件做压力测试，它最初被设计用于 Web 应用测试，后来扩展到其他测试领域，如静态文件、Java 小服务程序、CGI 脚本、Java 对象、数据库，FTP 服务器等。JMeter 可以用于对服务器、网络或对象模拟巨大的负载，来在不同压力类别下测试它们的强度和分析整体性能。另外，JMeter 能够对应用程序做功能/回归测试，通过创建带有断言的脚本来验证程序是否返回了期望的结果。

（2）软件质量管理系统。软件质量管理系统是一个自研测试平台，用于发展与管控软件的质量，确保产出的成品可以满足用户的需求。软件质量管理人员在产品正式发行之前对其进行质量测试，并且执行一系列相关检测步骤，在软件发布前预先发现并修正错误。

5.3 平台需求分析

5.3.1 用户需求分析

杨房沟水电站工程建设涉及众多参建方，因此对于不同的参建单位，在数字化建设上的需求也不尽相同。不同参建单位的具体需求如下。

（1）雅砻江流域水电开发有限公司：负责监督本工程的设计、进度、质量、安全、投资等日常管理工作，实现本工程的数字化监管。

（2）杨房沟建设管理局：利用平台对工程设计、进度、质量、安全、投资等进行全面管理。

（3）杨房沟总承包监理部：利用平台对总承包单位在工程建设的进度、质量、安全、投资等方面进行全面管理。

（4）杨房沟设计施工总承包部：利用平台完成工程建设过程中进度、质量、安全、投资等方面的建设管理。

（5）其他单位：包括第三方检测单位等，主要使用本平台完成相关文件、报告的报审查阅等。

5.3.2 功能需求分析

在工程数字化建设过程中，只有实现各类数据的汇集，各类业务应用系统的数据才能产生更大的价值。但是传统的各类业务信息化系统大多依托单项业务的局部需求进行纵向开发，缺乏统一的数据结构，各类业务系统采集的数据只能供本业务使用，工程设计管理、进度管理、质量管理、安全管理、投资管理等业务数据无法综合分析利用，同时各类工程建设管理的成果数据缺乏统一的载体进行展示，从而导致数据存在重复录入、决策支持不足等问题。因此，在杨房沟水电站数字化建设过程中，各类信息数据集成是工程数字化建设的关键环节之一。

根据杨房沟水电站工程特点及重难点，结合建设期信息化的业务需求，整体功能需求分析总结如下。

1. 紧扣工程管理核心业务的动态管理

数字化建设管理平台从设计合理、安全保障、投资节约、进度可控、质量可靠五个方面紧扣工程管理核心业务的动态管理，满足项目数字化建设管理的需求。

（1）设计合理。杨房沟水电站作为国内首个采用设计施工总承包（EPC）模式的大型水电项目，在水电站建设体制和管理模式上面临诸多新的挑战和创新。

在传统设计-招标-建造（DBB）模式的水电工程中，业主和监理基本不参与设计文件的审查。而在 EPC 模式下，新增了"设计监理"的角色，总承包方的设计文件需经过设计监理的审查同意后才能执行，且业主方深度参与设计审查过程。设计文件审查步骤更多，流程更长，这就对设计管理提出了更高的要求。同时，EPC 模式下设计人员与施工人员通过施工图纸能否紧密地配合起来，对工程建设起着至关重要的作用。

因此，需要对 EPC 总承包模式下的设计产品审查流程进行全面梳理，从而开发一套完备的设计产品在线审批模块，提高设计成果审批效率，加强设计、施工之间的联系。

（2）安全保障。杨房沟水电站工程具有工程量大、施工工艺众多、施工环境复杂等特点，涉及人的不安全行为、物的不安全状态及环境的不安全因素众多，因此数字化建设管理平台有必要建设安全风险双控系统，并根据工程管理具体的需求，实现安全法律法规、往来文函、安全报告等安全资料的归集统计，基于上述数据，实现各标段安全隐患、风险管控成果的在线查询与展示，确保本工程建设期间不发生较大及以上安全生产责任事故。从整体上看，数字化建设管理平台可实现安全管理信息的动态获取、信息分析与过程管控，实现安全管理的动态把控。

（3）投资节约。杨房沟水电站工程是一项工程规模巨大的大型水电站工程，同时该项目建设周期长，这些工程特点都将给投资控制带来一系列不确定性。因此，通过数字化、智能化手段对工程投资进行科学、合理的管理极为必要。

通过对投资管理业务、合同管理业务的分析与提炼，对工程建设中变更索赔、投资结算等投资管理进行全过程管控，实现建设期变更索赔、投资结算等投资管理流程的信息化，最终实现"科学优化、投资节约"的投资管理具体目标。

（4）进度可控。杨房沟水电站施工难度大、施工周期长，为保证这一社会效益和经济效益显著的水电站工程尽早发挥作用，需有效地解决工程建设过程中阻碍施工进度的困难，从而对工程施工进度进行科学化的管控。

针对本工程建设的特点，引入标准化进度管理与偏差管理手段，通过"进度计划科学审批""执行过程全程管控""进度偏差科学管控"等具体管控手段，实现"按期完成、力争提前"的具体目标。

进度管理整体上以项目总进度计划为控制核心，达到计划层级的逐层分解及自下而上的进度范围，从而达到进度计划的精益化管理。

（5）质量可靠。杨房沟水电站施工建设质量直接关系后期运行维护稳定性与安全性，质量可靠是该工程建设与运行维护的生命线。

对于质量管理方面，系统将以质量验评、质量问题 PDCA 处理为核心，以质量验评表单电子化及标准化填报、重要及隐蔽工程验收影响实时留存、质量问题 PDCA 处理闭环流程为主要抓手对工程建设的质量进行数字化、智慧化的管控。

2. 项目移动化管理

杨房沟水电站工程项目具有参建方多、同时施工的工作面多等特点，与之对应的参建人员、参建人员角色与权限、工作面交叉情况就会相当复杂，且工作面会不断随工程建设而移动，同时杨房沟水电站数字化建设覆盖的业务内容广泛。上述特点都决定了该工程的数字化建设管理平台中个别的业务模块具有移动化属性。系统可通过丰富的数据采集手段、强大的数据流程引擎、高效的移动端 APP，解决相应业务的移动办公不便、工程管理数据采集难等复杂问题，进而实现项目移动化管理。

3. "信息＋业务"集成

在工程的建设管理过程中，将会产生海量的工程管理信息与数据，这些信息如何更好地服务工程管理、为工程管理提质增效，就需要将信息与业务进行串联。以信息数据驱动业务的发展，以业务逻辑串联工程管理信息（即数据信息消费），实现从数据生产、数据业务加载到数据消费的全过程联动，因此通过数据信息加载、业务逻辑驱动实现工程管理的提质增效是本平台建设的主要需求之一。

4. 平台的推广使用需求

杨房沟水电站是中国第一个以 EPC 模式建设的大型水电工程，因此该工程是第一次将数字化建设、BIM 应用等与大型 EPC 水电工程建设管理相结合，该平台力争打造为水电工程数字化建设标杆，从而将本平台的优秀经验在水电站数字化建设行业中进行推广使用。

以平台整体功能需求为指导，开发建立基于 BIM 的设计管理、质量管理、进度管理、施工期安全监测、视频监控管理、水情测报管理、混凝土温控管理、系统管理等"一站式"管控平台，同时需要提供统一、全面的工程信息访问入口。该平台对工程数据中心数据进行分析，利用图表形式展示项目进度、质量管理表单数据、投资管理数据安全监测埋设及测值分析数据等。基于上述需求分析，对本平台的主要需求梳理如下。

（1）利用图表形式展示工程数据中心数据。利用图表形式对工程数据中心的各种数据序列利用常用图表展示，如柱状图、饼状图、雷达图、曲线图等，展现的内容主要涉及各类统计数据，如项目进度展示、投资费用时间曲线、工程质量评定等级统计、数据提交信息统计、安全监测数据过程曲线等。

（2）搜索查询。系统需支持对数据对象、文档、工程划分、人员等进行分类搜索、关键词搜索等功能，实现对象的导航或调用等功能。

（3）基于 BIM 展示。利用工程数据中心提供的三维 BIM 浏览服务，实现三维模型的展示和交互，包括：①基本视图操作，如选择、放大缩小、平移、选择、全屏显示、视图切换、漫游、属性查询等；②模型基本三维展示，对象定位、多种显示样式渲染、模型对象显示隐藏控制、保存视图状态管理等；③系统模型管理控制，包括系统树、位置树控制，对象分类、对象过滤器控制；④高级显示控制，包括自动半自动漫游、动态剖切展示等。

（4）设计图纸和相关文档录入。项目工程设计人员应该按照项目进度情况将图纸及时整理上传归档，在归档时图纸需要通过相关流程进行审批，上传的文档经审批合格后的图纸将进入工程数据中心，方可供查询。图纸在上传归档时需要填写图纸名称、编码、版本、所属文件夹、存放位置、描述信息、所属系统及图纸中涉及的分项工程信息（工程量项目和设计工程量）等，基本信息填写完毕后需要选择相应审批部门及审批人进行流程的流转审批；图纸报审（修改通知单报审）除以上功能需求外还要实现批量图纸的上传，同时允许用户直接将图纸以拖曳的方式上传。

（5）质量验评文档录入和单元工程填报。随着信息化技术的不断发展，为提高各工区质量验评的填报效率，实现无纸化办公，该工程质量验评单填报实行数字化填报，即在施工现场采用移动端（Android）填报。主要功能包括验评任务管理、现场验评执行、验评信息上传（系统支持离线状态下的现场验评），填报时应本人登录，个人签名统一采用电子签名，单位采用签章形式；如电子签章实施条件不具备，则打印出纸质版签字后归档。

现场质量验评工作任务在系统发起时，需填报质量验评表基本信息，选择质量验评的类型（分为混凝土工程、开挖工程、喷锚支护工程和混凝土工程等）。质量验评的子类型有模板施工、混凝土浇筑、钢筋绑扎等，质量验评申请单的基础信息包含承包人、合同编号、分部工程名称、分项工程名称、单位工程名称及编码等；系统后台将自动发起质量验评专用流程，当前用户处于流程第一个任务节点，用户还必须填写必要的流程信息，如后续执行人；提交后，任务流转至执行人处进行执行。

系统设计时需要考虑现场部分纸质版本质量验评材料，不具备网上质量表单填写的，需要支持上传扫描纸质验评表的方式入库归档，归档时需要将纸质单元工程基本信息，如分部工程名称、分项工程名称、单元工程名称及编码、设计图编号、修改通知单编号、验评时间、验评人员、质量评定等级等信息填写入库。

单元工程填报，由于在项目初期工程无法细分单元工程，因此需要根据当前实际情况对现有的单位工程、分部工程进行单元工程的划分和填报，根据划分和填报情况分为已分解和待分解，已分解是完成了对单元工程划分的分解工作，待分解则需要按照单元编码、单元工程名称、工程量项、单位、设计量、桩号范围、高程范围等信息对分部工程进行分解，分解后提交相应审批部门及审批人进行审批，审批通过后完成单元工程的划分填报。

（6）移动端质量验评。移动端质量验评系统主要是基于安卓系统进行开发，开发完成后也适应于安卓平板。质量验评表单填写内容项与原纸质表单填写内容一致，只是在排版结构形式上不同，首个质量表单发起时需要根据工程类型、分项工程等来选择相应的模板，模板启动后需要输入承包人、合同编号、单位工程名称、分部工程名称、分项工程名称、单位工程名称及编码等验评单基础信息。质量验评内容项根据验评内容不同填写内容不一，完成内容项填写后，进入流程审批环节，根据原纸质验评相关审批流程，由质量验评信息发起人选择相对应后续审批部门（人），通过系统流程引擎任务逐步推送至相关人员，执行相应步骤。填报（审批）时应本人登录，个人签名统一采用电子签名。

质量验评信息一旦通过审核，数据将作为历史记录永久保存在工程数据中心，现场原因需要重新验收或发生输入错误，系统将提供质量验评变更功能。

启动验评信息变更后，将直接读取被变更的验评信息的所有数据，系统允许用户对质量验评信息进行修改，后台将自动发起变更流程，当前用户处于流程第一个任务节点时，用户还必须填写必要的流程信息，如审批人；提交后，任务流转至审批人处进行审批。

（7）灌浆智能化监控。灌浆智能化监控主要针对大坝基岩的固结灌浆和帷幕灌浆，实现灌浆数据监控、灌浆效果展示及分析等。

系统通过建立与灌浆自动记录仪的数据接口，可实时调取灌浆数据，以图表形式展示灌浆过程，并可通过设定数据范围进行预警提醒，实现灌浆施工过程的管控。通过系统预设灌浆压力、抬动监测等质量控制指标，即当过程数据超出设定数据范围时，系统会进行预警提醒，并发送短信通知给相关负责单位，有效实现对灌浆施工质量的管控。

（8）进度管理数据录入。进度管理数据录入主要有合同进度录入、计划进度录入、实际进度录入等。普通用户可通过 Excel 导入或 B/S 界面输入两种方式，输入各分项工程、单元工程的计划进度数据，包括开始时间、完成时间、完工时间、工程量项、工程量、设计量等信息。功能启动后，系统将自动创建并发起专用的工作流程，当前用户处于流程第一个任务节点的，用户还必须填写必要的流程信息，如审批人；提交后，任务流转至审批人处进行审批。

（9）监测数据。工程施工期通过软件开发将工程安全监测自动化系统的关键监测信息进行整合，实现基于 BIM 三维导航方式的安全监测信息查询。查询对象包括：监测仪器台账、监测仪器当前读数、监测数据过程曲线、施工信息、多个设备仪器对比分析、报警事件提醒等，以 B/S 方式访问和交互。按照工程划分区域进行统计，通过图表形式对最新安装仪器进行统计展示。当用户选择左边树形结构时，统计图表将根据工程所属单位工程（分部工程）进行统计和图表展示，宏观全面地展示施工期仪器安装分布情况。

（10）施工期视频监控。将现场施工期视频监控系统的视频信息进行整合，实现基于 BIM 三维导航方式的视频监控信息的查询，包括各摄像头的视频画面、摄像头远程控制（限球机）等，以 B/S 方式访问和交互。用户可以通过列表访问各区域监控视频，允许两屏、四屏等多屏方式查看；监控视频仅限于授权用户，具备权限的用户可以对摄像机方位、焦距等进行远程操控。

（11）水情测报信息接入。系统开发时需要考虑接入当前对雅砻江流域附近的江、河、湖泊、水库、渠道和地下水等水文进行的实时监测数据。主要监测内容：水位、水雨情、流量、流速、降水（雪）量、蒸发、泥沙、冰凌、墒情、水质等，以上数据全部来源于雅砻江流域水电开发有限公司（简称雅砻江公司），通过提供数据实现趋势分析、短信报警、多中心监测等功能，做到水雨情的实时监测报警，保障人民生命、财产安全。

（12）混凝土智能温控信息查询。要求混凝土智能温控系统与现有设计施工 BIM 管理系统对接，接入数据包括（但不仅限于）：大坝混凝土分仓信息、混凝土出机口温度、入仓温度、通水冷却情况（是否通水、通水流量、通水方向、出入口水温）、各仓动态温度、温控阈值、温控报警信息等。系统运行全过程中按照现场实际需求进行维护和更新。

（13）模型基础数据录入和管理。

1）设计模块输入。普通用户可导入测绘模型、地质模型、土建模型，在功能界面上，可以输入模型文档相关信息，包含编码、名称、描述、版本、存储位置等信息，同时可以导入正确格式的三维模型文件，系统只支持 iModel 格式，其他格式一律视为非法。

2）施工模型输入。用户可以根据工程设计资料对工程进行单位工程、分部工程、分项工程、单元工程共四级的施工包划分，并对其进行 WBS 编码，在系统中进行对象化管理，施工包数据必须具有严格的父子关系，否则视为非法。各个施工包数据对象应该和施工三维信息模型分解一一对应。

普通用户可通过 Excel 导入或 B/S 界面输入两种方式，在输入前首先选择施工包类型,按照系统规定格式输入或导入数据,输入编码、名称、描述、承包商、关联图纸等信息。后台还将启动系统数据自动检验机制,检验数据编码、名称、关系的合法性,否则将无法提交。

3)模型版本管理。需要提供专门的模型版本管理与维护界面,用户可以查询各模型的版本历史、版本使用情况,并可进行模型版本的作废、激活、当前版本回滚等操作。

(14)工程数据录入。在系统建设工程中 BIM 工程数据涉及包含位置数据、人员数据、参建单位、模型构建对象等,普通用户可以通过 Excel 导入或者是 B/S 界面输入方式,将所涉及信息按照规定格式导入或输入工程数据中心。

位置数据是将工程各位置进行编码、命名,形成结构化的位置对象数据。工程中采用位置分解目录树的结构有主厂房、副厂房等。位置数据对象需要正确指向三维模型中的位置对象,以保证其能够正常驱动三维模型的位置导航。

人员数据指系统中被管理的人员资源数据,属于系统资源,一般地,部分人员数据与账户数据重叠,大部分人员数据对象不是系统账户。

参建单位资源数据,属于系统资源,一般包含一个或多个成员(人员数据对象)。

构件对象指三维模型中各个构件,与 BIM 中的实体一一对应,分为勘测对象、土建对象、机电对象等。

(15)基础投资信息录入。需要将合同工程量、招标工程量、合同工程量变更等所涉及的各单位工程、分部工程、分项工程的合同工程量信息填报至系统;对设计模型进行计算或整编设计图纸中所提供的工程量,将各单元工程的设计工程量填报至系统;根据工程现场每季度结算情况,将各节点的结算信息进行填报;根据现场实际情况,对工程投资信息进行维护和更新。

(16)系统管理需求。

1)账户管理。系统内的账户由系统管理员负责统一创建,并添加用户的姓名、编号、用户名、初始密码、联系方式、单位或部门等信息,并同意分发至相关人员。账户一旦建立无法删除,作为永久的历史记录存储于数据库中。

2)角色管理。用户角色是系统的"权限集",用于连接用户账户和权限组,是账户授权的主要方式。系统管理员可在系统中新建、删除、修改用户角色的名称、描述,可编辑用户角色中所关联的账户和权限项(组)。已分配的角色则无法被删除。

3)权限管理。用户权限用于控制账户创建、访问、修改的数据内容。系统管理员可以创建、修改、删除各权限项,也可对权限项进行组合管理建立权限组,以增强权限管理的交互性。

4)用户信息。用户信息包括编码、姓名、工程角色(非用户的权限角色)、隶属部门/单位、联系方式、通信地址、照片等。普通用户可进行联系方式、通信方式、照片等内容的修改。

5)密码修改。普通用户可进行账户密码的修改,在特定条件下,也可重置密码。

6)计量单位。普通用户或系统管理员制定的用户可修改计量单位库,即增加、删除、修改计量单位;可修改各种材料、工程量的计量单位;所有的材料只能应用计量单位库中所包含的计量单位。

（17）个人中心。

1）工作任务。根据每个用户角色不同设置个人工作任务，流程引擎创建的工作任务将自动分类到执行用户的工作任务目录树中，按照任务状态的不同分为将要执行、执行中、已完成、已委托、已拒绝等，用户可直接点击处理任务。

2）个人文档。用户可以根据自己业务的需要，将所有本人创建的文档永久归类在该导航树下，并按照文档类型进行自动归类。

5.3.3　接口需求

该系统最核心的功能是数据的录入、管理和展示，由于相关业务逻辑的载体是客户端，因此数据接口最合理的方案是开放基础数据基本操作（即 CRUD）的接口。本系统包含多个业务子系统，不少业务子系统都有流程和消息机制相关的功能需求，因此可以把流程引擎和消息机制独立出来，作为基础功能模块，开放相关功能接口，为所有业务子系统服务。

由于客户端既有页面，也有移动终端，且对整个系统而言，有与异构业务子系统进行集成的需求，因此要求 API 能够跨平台，支持多种开发语言的使用。

（1）通用数据服务接口。本系统包含的通用数据服务接口应包含数据分享接口、读取数据接口和通信接口。

（2）应用系统接口。本系统包含的应用系统接口应包含视频监控接口、水情测报接口、大坝安全监测接口（与雅砻江流域大坝信息管理系统 iDam 接口）、混凝土温控接口、混凝土灌浆数据接口等。

其中灌浆施工监控管理是在实现灌浆施工中监测数据的实时网络化传输基础上，利用大数据挖掘、BIM 技术等在三维可视化平台上实现对灌浆监测大数据的分析，发现蕴含于其中的灌浆工程时变非线性系统动态演化过程的特性。借此，工程管理人员能进一步加强灌浆工程的信息化施工，使施工始终处于受控状态，可及时发现问题，及时处理问题，掌握工程进展的主动权，做到施工技术的科学化、信息化、标准化、规范化。除此之外，灌浆施工监控管理能对灌浆工程进行有效的预测，为施工过程中的科学决策提供有力支持，有利于优化灌浆设计和施工工艺，提高施工质量。

5.3.4　性能指标需求

（1）数据精确度。在精度需求上，根据实际需要，数据在输入、输出及传输的过程中满足各种不同精度的需求。如：查找可分为精确查找和泛型查找，精确查找可精确匹配与输入完全一致的查询结果；泛型查找，只要满足与输入的关键字相匹配的输入即输出供查找。

（2）时间特性。系统响应时间应在人的感觉和视觉范围内（<1s），系统响应时间足够迅速（<5s），能够满足用户要求。

（3）适应性。在操作方式、运行环境、软件接口或开发计划等发生变化时，应具有适应能力。

（4）可使用性。操作界面简单明了，易于操作；对格式和数据类型限制的数据，要进行验证，包括客户端验证和服务器验证，并采用错误提醒机制，提示用户输入正确的数据。

（5）安全保密性。只有合法用户才能登录使用系统，对每个用户都有权限设置。对登录名、密码以及用户重要信息进行加密，保证账号信息安全。

（6）可维护性。系统采用了记录日志，用于记录用户的操作及故障信息。本系统采用B/S模式，结构清晰，便于维护人员进行维护。

（7）信息更新。设计三维信息模型更新周期：与设计图纸提交周期一致，较设计图纸提交延后7个工作日；动态施工三维信息模型更新周期：与施工计划提交周期一致，较施工计划提交延后7个工作日。

施工信息更新周期：≤1个月。

（8）其他系统性能指标。

数据库查询和简单报表生成响应时间：≤4s。

人工切换备份服务器时间：≤30min。

系统年利用率：≥99.9%。

系统设备的MTBF：≥20000h。

CPU正常负荷：≤30%（任意5min）。

CPU活跃负荷：≤50%（任意5min）。

内存占用量：≤50%。

网络正常情况负荷：≤5%（正常工作时间任意5min）。

网络活跃情况负荷：≤10%（正常工作时间任意5min）。

邮件传输数据入库时间：≤30min。

Web Service传输数据入库时间：≤3min。

系统故障提醒时间：≤5min。

数据库服务器磁盘占用量：≤50%。

数据库自动备份间隔时间：24h。

复杂计算时间：≤2min。

5.4 平台架构

5.4.1 平台功能架构

平台由三大部分构成，即计算机及网络资源、工程数据中心、业务应用及在线服务。工程数据中心是实现数据存储、共享和流转的基石，用于管理、存储和控制项目相关的信息，为业务系统提供工程信息服务。同时，工程数据中心也是系统的基础框架，通过相关技术确立了系统集成的规范和接口，为业务系统的集成奠定基础。业务应用及在线服务是构建在基础框架之上的结合大型水利水电工程项目实际需要提供的业务应用和信息服务。平台功能架构如图5.4-1所示。

5.4.2 平台技术架构

1. 前端架构

前端采用MVVM模式（Model-View-ViewModel）是Web系统前端设计模式的一

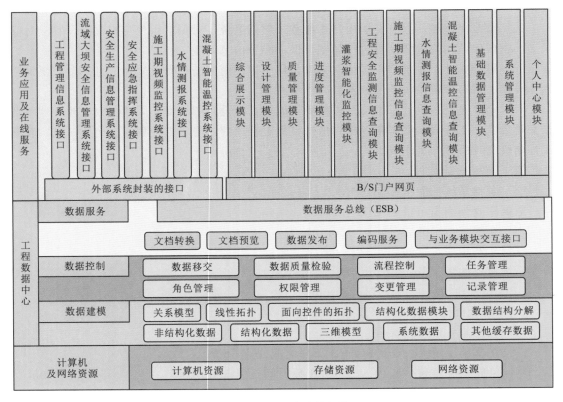

图 5.4-1　平台功能架构

种，如图 5.4-2 所示。ViewModel（视图模型）是暴露公共属性和命令的视图的抽象。View（视图）是 DAO 用户在屏幕上看到的结构、布局和外观（UI）。Model 代表真实状态内容的领域模型（面向对象），或代表内容的数据访问层（以数据为中心）。

图 5.4-2　MVVM 模式

2. 后端架构

采用主流的软件设计典范 MVC（Model-View-Controller，即模型-视图-控制器），如图 5.4-3 所示。采用业务逻辑、数据、界面显示分离的方法组织代码，将业务逻辑聚集到一个部件里面，在改进和个性化定制界面及用户交互的同时，不需要重新编写业务逻辑，大大增强了系统的可扩展性、可维护性和灵活性。

5.4.3　数据服务实现

工程数据中心采用微服务架构，内部由多个数据微服务构成，不同的微服务面向不同的业务数据，每个微服务均是独立的、业务完整的，服务间是松耦合的，如图 5.4-4 所示。各数据微服务均结合自身业务，将数据切割为原子级的业务数据单元（即工程数据中心的资源），提供资源最基本的 CRUD（创建、读取、更新和删除）操作。基于微服务架

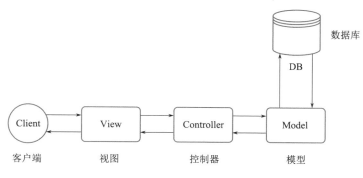

图 5.4-3 MVC 示意图

构，工程数据中心内部的每个数据微服务都可以独立开发实现，彼此间的依赖性低，使工程数据中心易于扩展、稳定性高。微服务架构风格的接口以 RESTful API 的形式提供，以满足各平台、各终端上的各种业务系统对资源的使用，即实现业务系统均可以无缝使用数据工程中心的数据，支持桌面端业务系统、Web 端业务系统和移动端业务系统的集成。

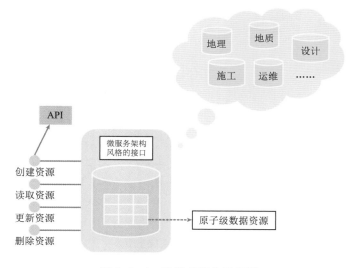

图 5.4-4 微服务架构示意图

5.5 关键技术

（1）三维数字化协同设计。建立工程全信息三维模型，基于 BIM 建立工程数据中心，根据区域、专业等多条主线对工程数据中心的内容进行管理，为工程数据的导入、与三维模型的融合、数据的发布创造条件。

（2）工程数据中心。实现统一的公共服务框架，实现三维模型（在保障数据不丢失的前提下实现模型的轻量化）结构化与非结构化数据的多通道发布，按需满足不同终端用户的数据请求。

（3）系统公共服务框架。基于工程数据中心，结合大型水利水电工程实际建设管理需求，研究包括 RESTful 架构风格的 SOA、OAuth 认证机制、企业服务总线、编码服务等在内的系统公共服务框架，研究基于网络通信基础设施、基于 BIM 三维模型展示平台等基础通用技术模块，形成基础的工程一体化管控平台。

5.6　平台应用

5.6.1　主页

主页是整个系统的门户和信息汇总中心。它为用户提供了一个直观、便捷的操作界面，使用户能够快速访问和管理各个功能模块，如图 5.6-1 所示。系统主页的功能介绍如下。

图 5.6-1　系统主页

（1）系统概览。展示当前水利水电工程的整体状态、进度、关键指标等，以图表、数据和动态信息的形式呈现。

（2）快速入口。为用户提供各个功能模块的快速链接，如项目管理、资料管理、进度跟踪等。

（3）通知与公告。显示最新的系统通知、项目公告和重要信息，确保参建各方成员及时获取关键消息。

（4）任务提醒。根据用户的角色和权限，列出待处理的任务和事项，如待审批的文件、即将到期的合同等。

（5）项目动态。实时展示各个项目的最新动态和进展，如新的工程变更、进度更新等。

（6）数据统计与分析。提供关于项目、资金、人员等方面的数据统计和分析功能，帮助管理者了解项目的整体状况。

（7）搜索功能。允许用户快速搜索项目、文件、人员等信息，提高工作效率。

（8）个人中心。用户可以查看和编辑自己的个人信息、设置、任务列表等。

（9）系统设置与帮助。为管理员提供系统设置、权限管理、帮助文档等功能。

（10）反馈与建议。用户可以通过此功能向系统管理员提供反馈和建议，帮助不断完善系统。

5.6.2 综合展示

5.6.2.1 概述

数字工程模块以三维 BIM 为基础，将主要的工程管理信息整合并展示在三维模型场景，为用户提供了一个全面、直观和高效的工具。该模块的主要功能如下。

（1）三维场景展示。利用 BIM，为用户提供一个直观的三维场景，使他们能够更加清晰地理解工程的实际情况。

（2）电子沙盘。该模块允许用户在三维场景中查看各种工程信息，如工程概况、各方发文、质量管理、进度管理、投资管理、安全管理等。此外，用户还可以进行视角调整、模型旋转和特定业务数据查看等操作。

（3）建设历程。通过采用 360 全景技术，为用户提供一个工程建设期间的全景照片存储和展示平台。用户可以通过时间轴进行影像对比，更加全面和清晰地回溯项目的进度。

（4）工程影像。该子模块将工程现场的影像资料（如照片和视频）与工程项目进行关联。用户可以按照工程部位、影像名称或拍摄日期等条件进行筛选和查看。此外，还支持影像资料的上传、修改、删除和批量下载等功能。

5.6.2.2 三维场景展示

三维场景展示为用户提供了一个强大、直观和交互性强的平台，使他们能够更好地查看、理解和管理工程。

（1）BIM。三维场景展示基于 BIM（建筑信息模型）技术，这是一个兼具数字化的、物理和功能特性的工程模型。BIM 不仅仅是一个三维模型，它还包含了与工程相关的所有信息，如材料、成本、时间表等。

（2）交互性。用户可以在三维场景中自由导航，包括缩放、旋转和平移，以从不同的角度和距离查看工程。

（3）信息挂接。在三维场景中，各种工程管理信息（如工程概况、质量管理、进度管理等）都与相应的物理部分关联。例如，点击某个结构部分可能会显示与其相关的质量检查记录或进度信息。

（4）实时更新。随着工程的进展，三维场景可以实时更新反映出工程的最新状态，可以实时监控工程的进度和任何潜在的问题，这对于项目管理者来说是非常有价值的。

（5）集成其他子模块。三维场景展示与其他子模块（如电子沙盘、建设历程和工程影像）紧密集成。例如，用户可以在三维场景中点击一个特定的部位，然后直接跳转到该部位的建设历程或工程影像。

（6）工具和功能。三维场景展示中安装了一系列常用的工具和功能，例如测量、显示/隐藏特定部分、透明度调整、地形开挖、视图切换等，从而帮助用户更加便捷地理解与分析工程状态。

（7）高度可定制。根据项目的需要，三维场景可以高度定制，包括模型的细节、显示的信息量以及用户界面等。

5.6.2.3　电子沙盘

电子沙盘为用户提供一个直观、交互性强和高度集成的平台，使他们能够在一个统一的环境中查看和管理所有与工程相关的信息。这不仅提高了工作效率，还有助于确保项目的顺利进行。

（1）BIM。电子沙盘是基于 BIM 技术，为用户提供了一个详细的三维视图，展示了工程的物理结构和与之关联的各种信息。

（2）交互性。用户可以在电子沙盘中自由导航，进行视角调整、模型旋转等操作，以从不同的角度查看工程。

（3）信息集成。电子沙盘中的每个部分都与相关的工程信息关联，如工程概况、各方发文、质量管理、进度管理、投资管理、安全管理等。点击某个部分会显示与其相关的详细信息。

（4）特定业务数据查看。除了基本的工程信息，用户还可以查看特定的业务数据，如智慧工地信息、安全监测信息等。

（5）工具箱操作。内置包括测量、显示/隐藏、透明度调整等一系列常用工具与功能，为用户提供更加友好的操作功能。

（6）全屏和全景查看。用户可以选择全屏模式查看电子沙盘，或使用全景查看功能，以获得更广阔的视角。

（7）目录树操作。通过目录树，用户可以选择显示或隐藏特定的部位或信息，以便于他们更加专注地查看感兴趣的部分。

（8）实时更新。随着工程的进展和数据的更新，电子沙盘也会实时更新，确保用户始终可以查看到最新的工程状态和信息。

（9）高度可定制。电子沙盘可根据工程需求进行高度定制，例如，模型细节、信息量、用户界面等。

5.6.2.4　建设历程

建设历程利用 360 全景技术为用户提供了一个直观、交互性强和高度集成的平台，使他们能够更好地查看、理解和回溯工程的建设进度。以下是关于建设历程的详细说明。

（1）360 全景技术。建设历程模块采用 360 全景技术，为用户提供了一个沉浸式的视觉体验，使他们能够从任何角度查看工程的实际情况。

（2）时间轴展示。通过时间轴的设计，用户可以轻松地回溯工程的建设进度，查看在特定日期或时间段内的全景图像。

（3）交互性。用户可以在全景图中自由导航，通过按住鼠标左键进行视角旋转，查看工程的每一个细节。

（4）多种查看模式。建设历程提供了多种查看模式，如全屏模式、VR 模式（需要配合 VR 眼镜使用）、小地图显示/隐藏和清屏模式，以满足不同用户的需求。

（5）社交功能。用户可以对每一个全景图进行点赞、评论和分享，增加了模块的互动性和社交性。

（6）上传和管理。具有权限的用户可以上传新的全景图，输入全景地址和拍摄时间后保存。此外，还可以对现有的全景图进行修改或删除。

（7）简介和分享。每一个全景图都可以附带一个简介，描述该图像的内容或背景。用户还可以将其分享到其他平台或与他人分享。

（8）场景切换。用户可以点击底部的选择场景功能，切换到不同的视角或位置，以获得更全面的工程视图。

（9）高度可定制。根据项目的需要与建设阶段进行高度定制，包括全景图的质量、显示的信息量、用户界面等。

5.6.2.5　工程影像

工程影像模块主要负责管理和展示工程现场的影像资料，如照片和视频，为用户提供一个集中、高效和直观的平台，使他们能够管理和查看所有与工程相关的影像资料。以下是关于工程影像的详细说明。

（1）影像资料关联。工程影像模块将工程现场的影像资料与工程项目划分进行关联，使用户可以根据特定的工程部位或阶段来筛选和查看相关的影像资料。

（2）筛选与查询。用户可以通过多种条件，如影像名称、拍摄日期、工程部位等，进行筛选查询，从而迅速找到所需的图片或视频。

（3）时间排序。工程影像模块允许用户根据拍摄时间对影像资料进行排序，这有助于用户更好地回溯和理解工程的建设历程。

（4）批量操作。用户可以勾选多个影像资料进行批量下载，提高了工作效率。此外，具有权限的用户还可以进行批量上传、修改或删除操作。

（5）上传与管理。具有权限的用户可以轻松上传新的影像资料，选择文件类型（如视频或图片），关联到特定的工程部位或阶段，并填写相关信息。上传后的影像资料会自动显示在工程影像页面中。

（6）下载与分享。用户可以单独或批量下载所需的影像资料。此外，还可以将特定的影像资料分享到其他平台或与他人分享。

（7）权限管理。工程影像模块支持权限管理，确保只有授权的用户可以进行上传、修改或删除操作。这有助于保护工程的隐私和安全。

（8）高清展示。工程影像模块支持高清图片和视频的展示，确保用户可以查看到清晰、真实和详细的工程现场情况。

（9）高度可定制。根据项目的需要，工程影像模块可以进行高度定制，包括影像的质量、显示的信息量、用户界面等。

5.6.3　设计管理

设计管理模块是项目顺利进行的关键，也是保证产品质量和有序规划的重要手段。与传统的设计管理不同，该模块不仅仅局限于设计单位的闭环管理，而且是多方参与工程管理，贯穿整个项目进程，特别是在现场。它的主要目的是提高沟通效率，减少线下沟通成本，并确保设计资料在多方之间流转时的高效性。该模块主要包括以下几个核心功能。

（1）图纸和模型的交付管理。这是设计管理的核心，确保所有相关的设计资料都能够及时、准确地交付给相关方。

（2）统计分析。这个功能提供了对设计变更、交付进度等关键指标的统计和分析，帮助管理者了解项目的整体进展和可能的问题。通过各种统计图表，如柱状图、雷达图和饼状图，用户可以直观地了解项目的状态。

（3）交付计划。以进度条形式展示设计成果的交付和审查进度，确保所有设计任务都能按计划完成。

（4）设计变更。对于因各种原因引起的设计变更，该模块提供了完整的查询和展示功能，确保所有变更都能得到及时处理。

（5）进度提醒。为了确保设计任务能够按时完成，该模块提供了进度提醒功能，根据关键的里程碑节点进行提醒或预警。

5.6.4　质量管理

5.6.4.1　概述

质量管理模块用于确保工程建设的质量标准得到严格执行。该模块主要涉及工程项目划分、单元工程的质量验评、质量缺陷的追踪与管理，以及质量管理文件的整理与归档等。

（1）项目划分。通过项目编号，系统能够对单元工程验评资料和质量缺陷进行精确索引，方便后续的查看和管理。此外，该模块还支持在 Web 端的电子沙盘或大屏端的三维场景中查看相关数据。

（2）质量验评。该模块采用无纸质验评方式，从施工单位的初步验评到监理工程师的最终审核，确保每一步都有明确的记录和追踪。此外，用户还可以上传相关质量验评扫描件，以及其他相关的文档和影像资料。

（3）质量检查。作为现场工程质量管理的关键环节，质量检查子模块不仅跟踪质量问题的整改进度，还提供了详细的问题列表和搜索功能，确保每一个质量问题都得到妥善处理。

（4）质量统计。通过数据可视化的方式，质量统计子模块为用户提供了对工程建设质量的全面概览，包括验评状态、结果统计、质量问题整改情况等。

（5）质量缺陷管理。该子模块专注于对质量缺陷的详细记录和管理，确保每一个缺陷都得到及时的处理。

（6）质量管理文件。为了确保质量管理的文件化和规范化，该子模块提供了对质量管理相关文件的整理、归档和搜索功能。

5.6.4.2　项目划分

项目划分与索引是质量管理模块中的基础环节，它为整个工程建设提供了一个结构化的框架，确保每一个工程单元都有明确的定位和标识，从而方便后续的质量验评、检查和统计工作。

（1）结构化的项目划分。该功能按照工程的实际结构进行项目的层级划分，包括工程项目、单位工程、分部工程、单元工程等。这种层级化的划分方式确保了工程的每一个部分都有明确的归属和标识。

（2）项目编号系统。为了确保每一个工程单元的唯一性和可追溯性，系统为每一个单元分配了唯一的项目编号。这些编号不仅方便了数据的索引和查询，还为后续的质量管理提供了便利。

（3）项目划分的维护与管理。系统提供了完善的项目划分维护工具，允许有权限的用户对项目结构进行编辑、新增或删除操作，确保项目的结构始终与实际情况相符。

（4）与其他子模块的紧密结合。项目划分与索引作为基础功能，与其他子模块如质量验评、质量检查等有着紧密的结合。例如，在进行质量验评时，用户可以通过项目编号快速定位到具体的工程单元，大大提高了工作效率。

5.6.4.3 质量验评

质量验评包括如下功能。

（1）无纸化验评。

1）开始。施工单位在系统中完成待验评单元的划分和编码。

2）表单填写。现场人员填写电子验评表单，然后签字上传。

3）资料上传。上传验评表单扫描件及其他相关资料。

4）复核申请。施工单位提交资料，选择审核人发起验评申请。

5）验评结束。监理单位审核后完成验评。

（2）质量管理。

1）索引查看。通过项目编号快速查看单元工程的验评状态和结果。

2）流程管理。发起新的验评或管理已有流程。

（3）与其他模块关联。与项目划分和质量检查模块紧密关联，确保验评与特定工程单元关联并处理质量问题。

（4）数据统计。自动提取验评数据，支持后续统计和分析。

5.6.4.4 质量检查

质量检查涉及对质量问题的记录、整改的追踪和最终的复核等。

（1）实时监测。

1）现场检查。工程人员定期或不定期对施工现场进行实地检查，确保施工过程中的每一步都符合质量要求。

2）数据记录。对于检查过程中发现的任何问题，都会在系统中进行详细记录，包括问题的性质、位置、严重程度等。

（2）问题追踪。

1）整改指示。对于检查中发现的问题，会给出具体的整改建议和要求。

2）整改期限。根据问题的严重程度，设定合理的整改期限。

3）逾期管理。对于超出整改期限仍未解决的问题，系统会自动标记并进行逾期管理。

（3）复核确认。

1）整改完成。施工单位在完成整改要求后，需要在系统中更新整改状态，并上传相关证明材料。

2）复核审核。监理或相关质量管理人员会对整改情况进行复核，确保问题已经得到妥善处理。

（4）数据管理。

1）问题列表。系统提供了一个完整的质量问题列表，用户可以根据不同的条件进行筛选和查询。

2）数据搜索。用户可以通过关键字、日期、工程部位等条件，快速查找特定的质量问题。

5.6.4.5　质量统计

质量统计模块为参建各方提供了关于项目质量的详细数据和分析。

（1）数据汇总与展示。

1）单元工程统计。对各个单元工程的质量验评状态和结果进行汇总，展示验评率、优良率等关键指标。

2）质量问题整改统计。对于在质量检查中发现的问题，统计其整改情况，包括已整改、正常整改、临期整改和逾期整改的数量和比例。

（2）深度数据分析。

1）质量趋势分析。根据时间节点（如月、季、年）展示单元工程的质量验评优良率，揭示质量变化趋势。

2）缺陷类型统计。对年度或其他时间段内的缺陷进行分类统计，分析主要缺陷类型和频发区域。

3）验评结果分析。对特定时间段（如年度、季度）的验评结果进行统计，展示验评个数、优良率等关键数据。

（3）数据可视化工具。

1）图表展示。通过柱状图、饼图、折线图等形式，直观展示各种质量数据，使数据分析更为直观。

2）筛选与搜索工具。提供筛选功能，允许用户根据特定条件（如时间段、工程部位）查看相关统计数据。

（4）报告生成与导出。

1）自动生成报告。基于预设模板，系统可以自动生成质量统计报告，方便管理层查阅。

2）数据导出。允许用户将统计数据或图表导出为常见格式（如 PDF、Excel），便于进一步分析或分享。

5.6.4.6　质量缺陷管理

质量缺陷管理用于对不符合质量标准的部分进行识别、记录、跟踪和整改等。这一模块用于确保所有的质量缺陷得到妥善处理，从而确保工程的整体质量。

（1）缺陷识别与记录。

1）缺陷录入。在施工过程中或验收阶段，一旦发现质量缺陷，立即在系统中进行录入，包括缺陷的性质、位置、大小、影响等级等详细信息。

2）影像资料上传。为了更直观地展示缺陷，可以上传缺陷的照片、视频或其他相关影像资料。

（2）缺陷跟踪和整改。

1）整改指示。对于每一个识别的缺陷，都会给出具体的整改建议和方法。

2）整改期限设置。根据缺陷的严重程度和影响，设定一个合理的整改期限。

3）整改进度监控。系统会实时监控每一个缺陷的整改进度，确保在期限内完成整改。

（3）缺陷复核与确认。

1）整改完成确认。施工单位在完成缺陷整改后，需要在系统中更新整改状态，并上传整改后的影像资料或其他证明。

2）复核审核。相关质量管理人员或监理单位会对整改情况进行复核，确保缺陷已经得到妥善处理。

（4）数据管理与统计。

1）缺陷列表。系统提供了一个完整的质量缺陷列表，用户可以根据不同的条件进行筛选和查询。

2）统计分析。系统可以自动统计各种类型的缺陷数量、整改率、逾期率等关键数据，帮助管理层了解工程的质量状况。

（5）与其他模块的关联。

1）项目划分关联。确保每一个缺陷都与特定的工程单元关联，便于后续的质量验评和统计分析。

2）质量检查反馈。质量检查中发现的问题，如果被确认为缺陷，会直接进入质量缺陷管理流程。

5.6.4.7　质量管理文件

质量管理文件模块用于对与质量管理相关的文件进行集中存储、检索和管理等。这一模块确保所有关键的质量文件都能被妥善保存和轻松访问。

（1）文件上传与存储。

1）文件上传。允许用户上传与质量管理相关的文件，如质量标准、检查表、验收报告等。

2）文件格式支持。支持多种常见的文件格式，如 PDF、DOC、XLS 等。

3）文件存储。确保所有上传的文件都被安全、稳定地存储，防止数据丢失。

（2）文件检索与预览。

1）关键字搜索。用户可以通过输入文件名、文件编号或其他关键字快速查找特定的文件。

2）文件预览。点击文件名可以在线预览文件内容，无需下载。

（3）文件管理。

1）文件编辑。允许有权限的用户对已上传的文件进行编辑或更新。

2）文件删除。当文件不再需要时，可以将其从系统中删除，确保文件库的整洁。

3）文件版本管理。当文件被多次更新时，系统会自动保存各个版本，方便回溯和对比。

（4）权限管理。

1）访问权限。确保只有有权限的用户可以访问特定的文件，保护文件的安全性和机密性。

2）编辑权限。限制对文件编辑或删除的权限，确保文件的完整性。

5.6.5 进度管理

5.6.5.1 概述

对施工进度管理的需求进行分析，包含以下要点。

（1）采用数据化指标判定进度情况，实时动态分析制约项目建设进度的关键线路和主体工程，并分级预警，形成自下而上的分级管控。

（2）项目进度预测、施工方案调整。

（3）三维设计，仿真模拟。

基于 BIM 的工程进度管理系统，在 BIM 的基础上，建立满足工程合同进度、工程施工计划、实际进度主要工程量及形象信息等进度信息的填报、跟踪等管理需求的进度模型，基于 BIM 技术、智能算法，综合考虑施工人员、施工材料、施工机具、施工工艺、施工环境等因素对工程施工的影响，虚拟建造工程施工过程，对施工组织进行全面地分析和决策；通过对施工组织进度计划的编制和控制，帮助项目管理者科学组织施工，提高进度计划的合理性、优化施工资源的投入分配，降低项目施工风险，进而提高建设单位对工程项目的服务协调与管理水平。

5.6.5.2 系统进度管理模块设计

基于 BIM 的进度管理的工作目标是利用工程 BIM 一体化应用系统实现工程建设实时面貌的 3D 可视化展示，展现实际执行状态和计划目标之间的差异，分析计算各时段工程施工强度、施工进度，并依托强大的数据采集分析功能，实现现场主要施工节点的预警提醒功能，提高项目集群管理模式下进度管控水平。

基于精细化工程项目管理的管理思想，系统进行工程项目（包括建设前期、初设、施工、验收、竣工等）的计划安排和调整、资源配置和优化，涵盖大坝枢纽、地下厂房洞室群及其他工程建筑物的土建、安装、设备交付进度、设计交付进度等内容，与 BIM 平台实现无缝对接。

为实现工程的精细化与精益化管理，为进度管理、质量管理等模块提供基本的数据载体，平台维护与设计人员根据工程施工包划分，可将 BIM 切分至单元工程级，即提供单元工程粒度级别的管理颗粒度。施工单位可批量导入各单元工程的施工进度计划，作为驱动 BIM 及与实际进度对比的基础数据。

进度管理模块包含计划管理、实际进度、进度查看、进度分析预警等功能。进度报审根据施工包划分，基于单元工程填报不同管理颗粒度的开工申请、单元工程信息和施工进度计划，提交相关人员进行审核，可根据管理需求与质量验评数据实现数据的关联。进度展示能够利用形象化的进度图对已经正式开始实施的工程项目进行跟踪，并具有预警功能，实时掌握工程的当前状态和后续工程情况，以及可能影响工程进度情况的工作任务等工程项目信息；通过 BIM、图表等多种形式为用户提供动态、实时、形象、生动的工程施工面貌与实时进度信息，实现可视化单元工程信息查询。同时，在进度模拟模型视图中，可支持局部细部模型结构件完成情况展示。进度分析预警基于进度数据，实现对工程建设的计划进度与实际进度的对比分析，并给出进度超期/滞后的判断结果，为管理人员提供辅助决策。

1. 计划管理

计划填报子模块主要功能是维护计划进度数据，并为进度展示模块提供基础数据，可进行一般施工计划、计划工程量、里程碑节点等进度数据的填写、维护。该子模块具备以下功能点。

计划管理模块主要实现计划体系的编制，并根据现场实际需求开发进度计划报审、变更的流程模板，实现进度计划报审、变更的在线业务流程管理。根据制定的多级计划体系，在进度计划编制子模块内可编制各级横道图计划，可对进度计划开始时间、结束时间、计划工程量等信息进行填写、维护和查询，并且支持在线计划编辑或 Excel 文件导入；同时，可存储多版本的进度计划，用于多层级、多角度的进度对比分析；为方便填报与数据维护，提供任务列表与横道图两种编辑形式，使进度计划更为直观。进度计划编制完成后，在线提交给相关人员审批，通过后正式发布；系统支持根据项目执行情况和项目进度需求对进度计划进行调整和修编，审批通过后，作为最新版本计划进度，进行进度控制。

图 5.6 - 2 为进度计划填报弹窗，相关字段有任务名称、WBS 编码、计划总工程量、进度（％）、实际完成工程量、工期、计划开始时间、计划结束时间等。用户根据已有的进度计划填报模板填写相应的信息，同时选择进度计划填报的范围，最终发起系统进度计划填报流程。

图 5.6 - 2　进度计划填报弹窗

2. 实际进度

实际进度模块主要实现定期反馈进度的实际完成量，并作为责任单位工程进展情况、工程进度款支付的参考依据之一。实际进度管控精细至单元工程层级，并自下而上汇总。责任单位用户按期填报或维护单元工程、统计主要项目的进度信息。由于若干进度数据是从本系统其他功能模块自动采集的，视现场实际情况，实际进度模块也提供这部分数据的人工修正功能。

进度填报三级模块主要功能是维护工程的时间进度信息，若进度管控至单元级，单元工程的实际开工日期及完工日期信息，可从单元工程质量验收表单中抓取，并自动同步更新该模块。图 5.6 - 3 为实际进度填报弹窗，用户根据已有的实际进度填报模板填写相应的信息，同时选择实际进度填报的范围，最终发起系统实际进度填报流程。

图 5.6 - 3　实际进度填报弹窗

进度填报三级模块中，还包含进度报告页面，可根据实际工程量、施工照片等相关信息进行填报，并可将进度更新维护模块内的进度信息同步至该模块内，从而汇总实际进度信息进行上报审批，审批通过后的进度信息可自动导出固定格式的进度报告文件。系统可以根据需要生成施工周报、施工月报发布 Word 和 PDF 两个版本的报告，同时支持各标段纸质报告扫描件的上传。

3. 进度查看

进度查看页面利用进度接口获取所有进度计划填报情况相关的数据，并结合 Highcharts 制作出多样化的图表，为用户提供动态、实时、形象、生动的工程施工面貌与实时进度信息，实现进度管控。为丰富可视化效果，拟根据工程类别提供多种进度可视化模型，例如：开挖工程、支护工程、混凝土工程、灌浆工程等。用户根据展示需求，切换工程类别进行进度查看。该模块数据自动采集计划管理、实际进度等页面，并动态实时更新，是实现工程进度相关数据集中可视化展示的功能模块。

（1）进度横道图展示。每个单位工程的计划进度根据所有分部工程的最前开工日期和最后结束日期所定，分部工程的计划进度根据所有单位工程的最前开工日期和最后结束日期所定。计划进度与实际进度的信息从计划进度填报和实际进度填报两个模块内自动同步更新，系统可根据进度信息自动分析判断工程施工状态，对于进度滞后的工程进行高亮提醒。

（2）施工形象二维展示。施工形象可采用二维方式展示，以较为通用的方式展示主要工程部位进度。对于大坝混凝土施工进度展示，采用二维展示大坝混凝土浇筑进度，对用户较为友好，便于查询单仓浇筑进度信息，如图 5.6 - 4 与图 5.6 - 5 所示。

（3）施工形象三维展示。施工形象三维展示模块实现了传统的网络甘特图与三维可视

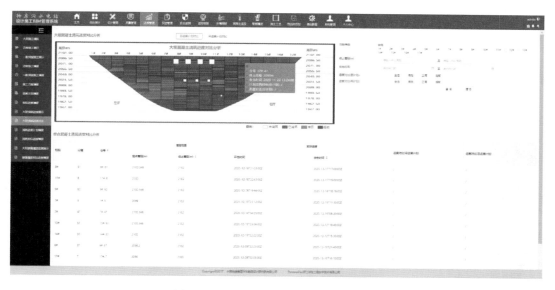

图 5.6-4 大坝混凝土浇筑进度展示图

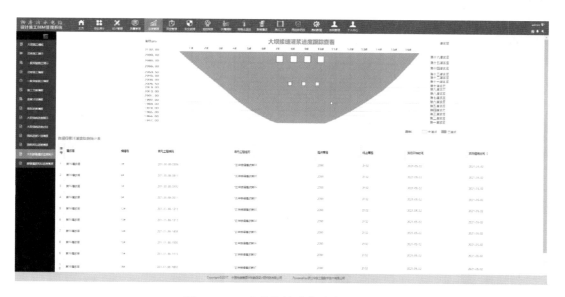

图 5.6-5 大坝接缝灌浆进度展示图

化场景的有机整合，为工程进度信息、关键工序作业、三维可视化模型提供了一体化的展示平台，如图 5.6-6 与图 5.6-7 所示。以时间数据为驱动，实现基于多维信息模型的施工过程的可视化模拟仿真，建立了包含实际进度与计划进度等信息的三维动画演示，并通过两种进度的对比分析，形象展示施工的进展情况。结合 BIM，依据各节点对应模型进度计划起止时间和实际完成起止时间，将施工进度计划与施工 BIM 相关联，支持各节点模型及进度甘特图随时间的推进模拟，实现直观地查看进度偏差，并以不同的颜色实现进度预警。

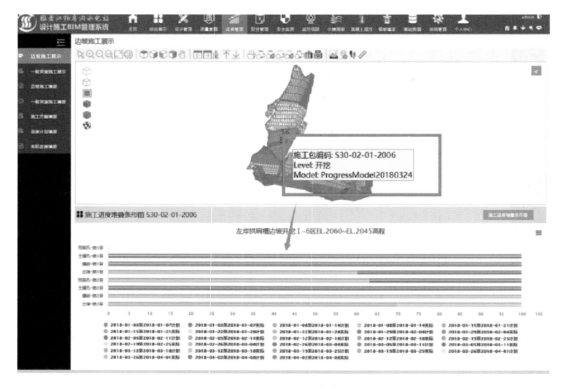

图 5.6 - 6　三维进度查看

通过三维模型进行工程进度展示为用户提供动态、实时、形象、生动的工程施工面貌与实时进度信息，进度展示模块内的数据来自系统内进度数据等模块，并能动态实时更新。

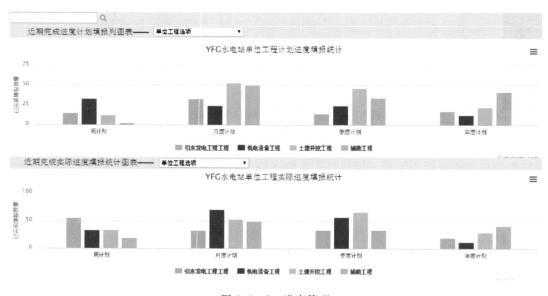

图 5.6 - 7　进度管理

（4）进度对比与预警。进度预警模块主要实现基于进度数据展开分析，对于可能发生的进度滞后问题提前预判并进行预警提示。通过量化的进度管控指标，对主要管控项目开展月、周进度统计分析，数据来源于计划管理、实际进度、版本管理等模块。进度对比页面示意图如图 5.6－8 所示。

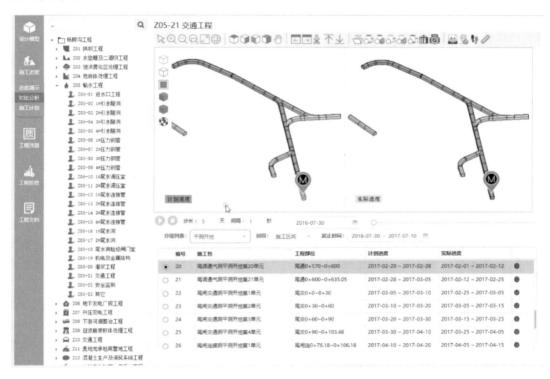

图 5.6－8　进度对比页面示意图

5.6.5.3　关键技术

（1）"一键优化"的计划编辑与优化技术方案。以 BIM 为桥梁，有机地整合了传统网络甘特图与三维场景的可视化技术，从而提供了包含工程进度信息、关键工序作业情况与三维可视化模型的展示平台，建立了以时间数据为驱动的多维信息模型施工进度的数字孪生仿真，实时播放预期施工进度、实时施工进度以及两者的对比分析，为工程管理提供了更加直观与形象的助力。

（2）"智能化"的实际进度采集手段及动态过程进度管控方案。在数据感知层，尽可能利用现场移动端采集设备进行实际进度的自动采集，例如，灌浆工程通过灌浆记录仪经由网络传输，实现灌浆工程施工进度的实时采集；而混凝土工程可与拌和楼数据、质量管理模块的混凝土开仓收仓质量验评材料关联，实现混凝土工程施工进度的实时采集等。

5.6.5.4　小结

大型水电工程规模庞大、工程结构复杂、施工参与众多，工程施工前及施工过程中需要对施工组织进行全面验证。基于 BIM 的施工进度管理，可综合考虑施工人员、施工材料、施工机具、施工工艺、施工环境等因素对工程施工的影响，通过施工工艺模拟、施工组织模拟、进度计划编制与控制等手段，对大型水电工程的施工组织进行全面验证。基于 BIM 的进度管理，可对施工承包合同规定的施工进度目标，结合施工资源、施工工艺、施工条件等因素进行进度计划的细化论证，确定项目施工的总体部署。按照已核准的工程进度计划，采用科学的方法定期追踪和检验项目的实际进度情况，对偏差的各种因素及影响工期的程度进行分析、评估和智能优化，能够直观识别施工资源需求，采取有效措施调整项目进度，保证项目顺利施工。

5.6.6　投资管理

目前水电建设工程中常用的投资管理工作标准化和信息化程度不高，处理繁杂的投资信息需要耗费较多的人力，而且信息独立存在于投资管理部门，信息的共享程度较弱，信息的价值没有得到充分利用。

大型水电工程的结算业务流程极其复杂，编制过程以及审批过程费时费力，相关人员众多，线下处理时费时费力，且业务相关人员信息传达不对称，沟通成本高，手动填报数据易出错，缺乏规范，需要建立标准化流程，实现生产过程中从结算计划至节点签证、工程量签证以及结算文件等相关结算业务的一站式管理，将所有结算流程线上化，提高办公效率，使各部门工作衔接更加严谨，避免数据重复填报及丢失。此外，传统纸质文件无法完成自动抓取计算的相关功能，要查看各维度的工程量对比信息必须线下手动计算，数据混乱，容易出错，需要统计设计成果、结算节点、单位工程和结算进度等相关关键业务指标，并展示对比关系，确保看到的数据实时且正确。

因此，开发建设投资管理模块，需要通过全面梳理项目建设过程中所有的结算管理业务流程，建立生产过程中从结算计划至节点签证、工程量签证以及结算文件等相关结算业务的一站式管理的标准化流程。所有结算流程线上处理，提高办公效率，使各部门工作衔接更加严谨。同时通过投资对比分析功能模块，统计设计成果、结算节点、单位工程和结算进度的相关关键业务指标，并展示对比关系。

投资管理模块主要业务流程示意图如图 5.6-9 所示，由总包工区编制年度结算计划，编制后导入系统，并提交审批，分别由总包复核人和监理审核人审批。审批结束后，工区编制本季度节点签证和上季度工程量签证信息，并提交至总包、监理以及业主相关人员审批，总包、监理和发包人各级别审批人审核签章后，由总包经管部汇总编制结算文件，并提交至总包、监理以及业主相关人员审批，各级别审批人签章后，该季度结算流程结束。

对于投资管理模块，为实现结算管理、投资对比分析，有较多数据需要从其他模块内获取，各模块与投资管理模块间的数据逻辑关系如下。

（1）季度节点签证，通过识别单元验评的工序验收信息，自动抓取识别可进行结算的节点信息；并根据维护的结算计划，自动回填相关的节点基础信息，包括节点编码、节点名称、计划结算年份、计划结算季度、节点金额和单元验评属性。

（2）工程量签证，通过识别单元验评的单元工程量签证信息，自动抓取并计算单元验评模块与该节点挂接的单元工程数量，以及指定项目编码实际量和监理审核实际量的汇总值。

（3）结算管理，通过年度结算计划、签证管理和工程量管理，自动抓取识别上季度相关的质量验评数据，并判断是否扣款，同时抓取本季度结算的相关费用和节点信息，根据

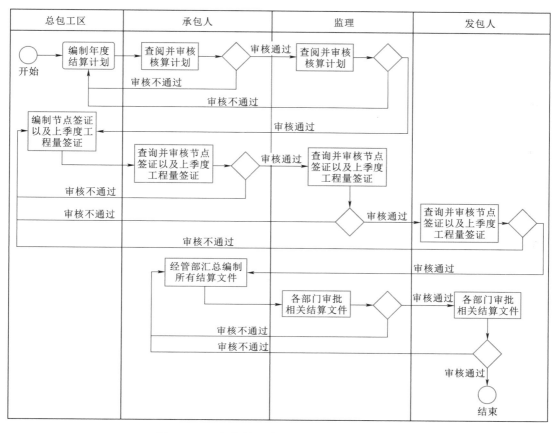

图 5.6-9　投资管理模块主要业务流程示意图

实际结算需求，生成相关文件并提交至总包、监理以及业主相关人员审批。

（4）设计成果维度统计分析，从合同清单和项目划分不同角度展示对比结果，合同清单通过设计图纸报审时填报的各项目的工程量项信息，自动抓取指定编码的对应图纸的合同工程量、设计工程量以及项目的合同总工程量，并根据单价计算相关的投资额；项目划分则根据设计图纸报审时挂接的工程部位信息，计算统计在各单位工程下，各图纸文件所包含工程量的累计投资额。

5.6.6.1　结算计划

结算计划子模块主要功能是完成项目建设期间的所有结算计划数据以及各年度结算计划编制，便于用户在系统内对工程整体结算计划进行实时查看以及维护。同时，基于模块中的结算数据，在结算计划模块内对结算计划完成情况进行统计分析，如图 5.6-10所示。

对于年度结算计划的编制，本模块内以年为维度，导入各年份需要结算的所有节点信息，并设置各节点是否需要验评，若不需要验评，该节点结算时，则不需要抓取验评信息。支持多次导入一个年度的计划信息，并支持修改导入的节点信息。每次导入生成一个计划版本，并始终保持最新版本的数据，可以查看版本对比信息，计划编制完成后，可按照系统预制审批流程进行流转审批。年度计划编制界面如图 5.6-11所示。

图 5.6－10　投资结算计划模块界面图

图 5.6－11　年度计划编制界面图

5.6.6.2　签证管理

签证管理子模块主要是根据结算计划，管理结算过程中各季度结算计划下的节点签证和节点工程量项信息。同时，可处理结算计划外且无相关结算节点，但当前季度仍需要结算的项目信息，并支持指定非节点项目的审批人员。支持跨季度、多季度提交节点签证信息。

施工完成后的节点使用签证管理子模块进行季度节点签证以及工程量签证。由总承包相关人员发起季度节点签证和工程量签证审批流程，由监理和业主管理人员审核。对于计划外结算、跨季度结算、多季度结算等复杂情况，系统提供多样化支持，根据指定的审批人，自动推送至相关审批人员的待办任务，确保全部节点签证采用系统流程，实现签证管理线上闭合。签证管理模块的主界面如图5.6-12所示。

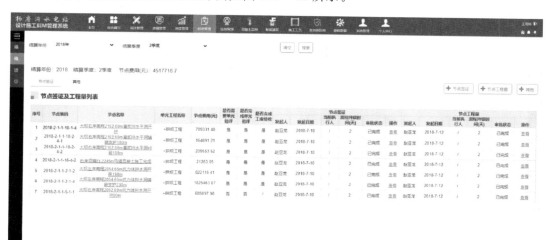

图5.6-12 签证管理模块的主界面图

（1）新增节点签证。可使用新增节点签证按钮发起节点签证，节点签证新增页面填写信息包括节点信息、施工时段、单元工程工序验收信息和相关审批人信息。其中，节点信息通过选择节点编码后自动回填节点名称、结算年份、结算季度、节点费用、单元工程数量信息和单元验评信息等，从而避免数据的重新填报或错填漏填情况。

（2）新增节点工程量。可使用新增节点工程量按钮，为某一节点新增工程量信息，填报信息包括节点信息、工程部位、施工依据文件信息、工程计量书信息、工程量项信息和相关审批人信息等。

（3）新增其他。对于结算计划外且当季度需要完成结算的项目，可使用新增其他按钮完成填报，填报信息包括项目信息、批复金额、依据和相关审批人信息。

5.6.6.3 结算管理

结算管理子模块的主要功能是向用户提供统一的入口来发起各类结算表单的审批流程，对于各结算表单内已完成填报的各项结算数据，系统自动进行汇总整理，从而减少数据汇总计算的工作量，并且可以有效避免数据计算汇总错误的情况。

结算管理子模块内所包含的结算表单与流程包括：

（1）往期已完成结算但本期未完成质量验评确认表、往期已完成结算但本期未完成工程计量书编制确认表、电费差价补偿单、水费清单、电费清单、违约金清单。

（2）工程进度付款汇总及分类分项表。

（3）合同价款结算单。

（4）工程进度付款。

（5）承包人编制说明。

系统内按照上述表单顺序限制填报顺序，前一步骤所需填报的文件完成审批后，方可发起下一个表单，各类表单个性化定制审批流程，各审批节点可根据审批需要在文件中进行签字盖章。结算管理模块界面如图5.6-13所示。

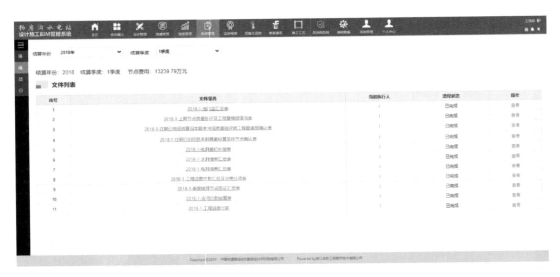

图 5.6 - 13　结算管理模块界面图

5.6.6.4　投资对比分析

基于投资管理模块及其他模块所形成的投资数据，进行不同维度的对比分析，统计维度通过下拉选项进行切换选择。投资对比分析模块界面如图 5.6 - 14 所示。

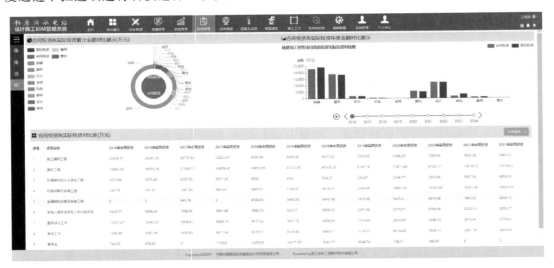

图 5.6 - 14　投资对比分析模块界面图

（1）合同与实际维度。以合同投资和实际投资为维度，展示各年度合同投资与实际投资的对比情况。

（2）设计成果维度。以合同清单和项目划分为维度，展示相关设计图纸的设计量信息与投资量信息的对比关系。

（3）结算节点维度。以节点清单和合同清单为维度，展示每个项目各年份各季度的合同工程量、合同金额和实际工程量、实际金额相关信息。

（4）单位工程维度。以施工包划分为维度，对单位工程的合同工程量、设计工程量（含设计图纸工程量、设计修改通知工程量）、实际完工工程量及对应投资进行统计和对比。

（5）计划进展维度。展示各年份下各季度所有项目结算完成情况的相关数据。

5.6.7 安全监测

5.6.7.1 概述

工程安全监测管理模块以 BIM 为基础对象，施工基于三维 BIM 实现三维导航方式的安全监测信息的管理和查询，具有生成监测仪器台账、监测仪器测值、监测数据过程曲线、展示监测仪器施工信息、监测报警事件提醒等功能。安全监测功能的实现需要设计、施工、数字化团队等多单位协作进行，如：设计单位在监测布置图中在关键位置布置安全监测设备时需充分考虑其重要性，施工单位尽快施工，并以人工读数或自动读数的方式或无线网络传输数据的方式及时将仪器的信息录入其安全监测分析软件系统（或直接录入本系统），然后由数字化团队进行本系统与施工单位分析软件的接口开发，使参建各方可实时查看统计分析结果。

5.6.7.2 系统安全监测模块设计

安全监测模块通过数据接口开发整合工程项目所采用的工程安全监测关键信息，实现以 BIM 为基础对象，采用三维导航方式进行安全监测信息的查询，包括监测仪器的历史读数、过程曲线、实现仪器读数的矢量化展示、多仪器对比分析等，为爆破开挖工程保驾护航。目前，安全监测模块已接入现场 200 多个安全监测点的实时监测信息，测点类型覆盖变形监测、渗流监测、应力应变及温度监测、环境量监测等四大类。

1. 设备台账

本模块的主要功能包含以下两点：①对各监测点位的信息进行增加、修改等维护工作；②对各监测点监测仪器所采集的数据进行录入，录入方式由现场仪器设备性能决定，全自动数据采集的仪器设备，可通过无线网络经由数据接口直接实时、自动地传输至系统内，需人工读数的设备可在已有的分析软件中手动录入数据，然后通过数据接口由无线网络传输至本系统，也可直接在本系统中手动批量导入。

系统可查询监测仪器的设备台账信息，包括设备型号、技术参数、埋设时间、埋设位置、维护记录等，如图 5.6－15 所示。

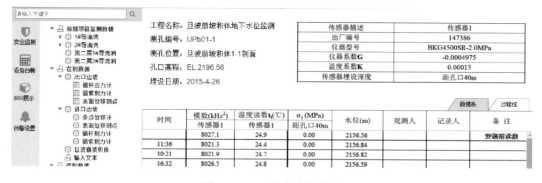

图 5.6－15 设备台账信息

2. BIM 展示

系统可基于 BIM 导航方式，查询监测仪器的历史读数、过程曲线、仪器读数的矢量化展示、多仪器对比分析等，也可与工程施工进度模型联合显示，供分析判断有关异常读数与施工进度（如爆破开挖）的关系，如图 5.6-16 所示。

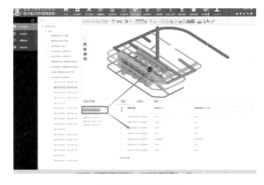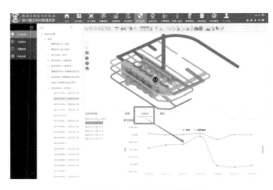

(a) 监测点位置标记   (b) 测值、过程线及属性展示

图 5.6-16 基于 BIM 的安全监测管理

3. 预警设置

可分部位设置各个仪器的报警等级和报警阈值，并以短信、邮件等报警方式，及时通知相关联系人，如图 5.6-17 所示。

监测仪器名称	所属部位	监测断面	埋设部位	正常值	当前值	仪器状态	安装时间	观测日期	信息发送状态
XXX仪器	坝顶	XXX断面	XXX部位	5.0	9.0	异常	2016.7.1	2016.7.5	已发送
XXX仪器	坝顶	XXX断面	XXX部位	5.0	7.0	异常	2016.7.1	2016.7.5	已发送
XXX仪器	坝顶	XXX断面	XXX部位	5.0	8	异常	2016.7.1	2016.7.5	已发送

图 5.6-17 安全监测预警设置

5.6.8 视频监控模块

杨房沟水电站建设周期长、建设环境复杂、涉及的人员机械等众多，因此需要采用先进的计算机网络通信技术、视频数字压缩处理技术和视频监控技术，建设施工期视频监控模块，从而加强工地施工现场的安全防护管理，实时监测施工现场安全生产措施的落实情况，对施工操作工作面上的各安全要素等实施有效监控，同时消除施工安全隐患，加强并改善建设工程的安全与质量管理等。

施工期视频监控模块主要包含视频监控、画面对比、历史视频、360全景等功能。

5.6.8.1 视频监控

本模块的主要功能是对施工现场进行实时监控，如图 5.6-18 所示。用户点选左边树列表，可以快速地查看相对应的监控视频，也可以选择某区域所有监控视频，以两屏、四屏、多屏等形式进行查看；所有监控视频均具有远程操控功能，但是该功能需要具有一定权限的人才能控制，摄像机控制包括控制授权申请、撤销授权、摄像机控制等功能，用户在获取授权状态下可对摄像头进行方位、焦距的操作。

图 5.6-18　视频监控模块界面图

5.6.8.2　画面对比

摄像头在 BIM 中均有精确定位，系统可读取摄像头当前的焦距、视角等参数，在 BIM 中显示与摄像头同步的画面，实现真实场景和设计模型的对比分析，如图 5.6-19 所示。

图 5.6-19　真实场景和设计模型的对比界面图

5.6.8.3　历史视频

在工程施工过程中，不同的施工工期都有比较重要的阶段，借助施工过程中的监控视频，可以将某段时间视频全程记录下来。随着工程不断推进，该影像资料将弥足珍贵，通过查询监控历史视频找寻工程建设的各个阶段的面貌，对追溯工程施工过程中存在的质量问题等有较大意义。历史视频回放功能如图 5.6－20 所示。

图 5.6－20　历史视频回放功能

5.6.8.4　360 全景

工程全景是在按照一定的时间对该地点进行 360 度摄影，目前根据项目需要，现场将根据工区安装 30 多个摄像，每月进行一次全景拍摄，拍摄后的全景自动合成，全景点入口采用枢纽图上布置点的形式，用户选择该点后即可查询该点的全景影像，基于该点的所有全景图片按照时间先后进行倒序排列，切换不同时间即可查询到该点影像。

5.6.9　水情测报

在雅砻江汛期，水雨情监测信息至关重要，同时相关监测信息能够实时、准确地传递至相关管理人员处，直接决定着防汛决策的有效性与及时性。因此，开发水雨情监测模块，通过接口读取雅砻江公司水情预报系统中的关键数据，包含一周内天气预报和杨房沟水电站上下游水文站的水位流量信息，结合现场人员填报的基础信息，该模块可为工程现场相关管理人员及时提供水雨情监测信息，同时对于超标信息及时推送至指定人员处，实现了水雨情预警的功能。水情测报包含水雨情预报和信息录入两个子模块。

5.6.9.1　水雨情预报

水雨情预报通过接口读取雅砻江公司水情预报系统中的关键数据，包含一周内天气预报和杨房沟水电站上下游水文站的水位流量信息。该模块仅在雅砻江汛期内有数据时展示。水雨情预报界面如图 5.6－21 所示。

5.6.9.2　信息录入

为保证水雨情信息的完整性、准确性，同时为了避免网络等通信手段故障时数据缺失

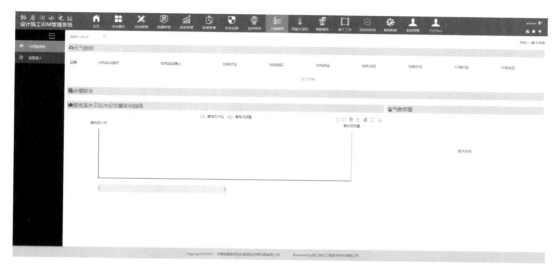

图 5.6 - 21　水雨情预报界面图

的情况，信息录入子模块内可以在自动接入数据的基础上人工录入一些天气信息、水情信息、气象预警信息等，如图 5.6 - 22 所示。

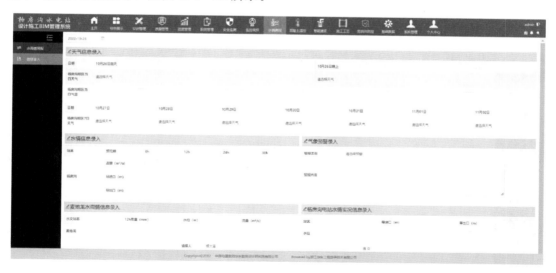

图 5.6 - 22　信息录入界面图

5.6.10　混凝土温控

裂缝控制一直是大体积混凝土施工的难点之一。综合考虑杨房沟水电站拱坝特点，以大体积混凝土防裂为根本目的，运用自动化监测技术、GPS 技术、无线传输技术、网络与数据库技术、信息挖掘技术、数值仿真方法、自动控制技术，开发建设智能温控系统。

（1）施工和温控信息实时采集与传输。通过采用相关温控信息实时采集设备，对大体积混凝土施工信息以及有关温控要素信息（包括混凝土原材料骨料温度、浇筑信息、出机口温度与浇筑温度信息、通水冷却信息、仓面温控信息、混凝土内部温度信息等）进行实时采集，通过无线或有线的方式将信息实时自动传输至服务器。

（2）温控信息高效管理与可视化。将温控信息纳入数据库进行高效管理，实现基于网络和权限分配的信息共享；设计相关温控管理图表，形成温控信息二维和三维可视化管理平台，通过该平台可实现海量温控数据的二维和三维高效化管理和直观化显示。

（3）温度应力仿真分析与反分析。在温控信息高效化管理与可视化平台的基础上，根据实测资料进行温度应力的正分析及反分析，按照实际的进度提出温控周报、温控月报、温控季报、温控年报及阶段性科研分析报告，实时把握大体积混凝土的实际热力学参数及温度应力状态。

（4）温控施工效果评价和预警。通过对温控信息的高效化管理与温度应力的正反分析，对混凝土温控施工情况进行评价，对海量实测数据及分析成果中的超标量进行实时预警，并对超标程度及处理情况进行类别划分及级别划分，将需要处理的意见或建议通过统一的平台发送至不同权限的施工与管理人员。

（5）温控施工智能控制。按照理想化温控的施工要求，基于统一的信息平台和实测数据，运用经过率定和验证的预测分析模型，提出通水冷却、混凝土预冷、保温等施工指令，通过自动控制设备或人工方式完成下一个时段的温控施工。

通过开发数据接口，可将现场智能温控系统所采集的出机口温度、入仓温度、浇筑温度、内部温度和通水信息等实时传输至本平台内。出机口温度信息查询与展示界面如图 5.6-23～图 5.6-27 所示。

图 5.6-23　出机口温度信息查询与展示界面图

5.6.11　智能灌浆

杨房沟水电站工程中防渗工程规模庞大，点多面广，防渗工程作为重要隐蔽工程，施工控制标准和质量要求均较高。

因此，运用岩体结构力学、地下水动力学等岩土工程技术理论，解析大型水电站防渗工程地质特性及渗流分布规律和影响因素，结合数值模拟、人工智能技术理论，研究基于

图 5.6-24 入仓温度查询与展示界面图

图 5.6-25 浇筑温度查询展示界面图

多尺度裂隙模型的精细灌浆控制理论与仿真技术，建立基于改进聚类算法的灌浆过程时序预测模型，从而为灌浆科学性试验和生产性试验提供个性化的参数建议，并为动态优化灌浆过程提供决策支持，通过对智能灌浆系统的软硬件结构设计、业务对象模型创建、数据库建设、数据采集实现、通信接口建设、安全防护措施设置以及联动智能决策等重要内容设计，建立集"钻-制-输-配-灌"全流程自动操作为一体的系统和"模拟-采集-测评-反馈"全过程的数据分析系统，从而解决防渗工程全流程业务整合问题以及业务中的处理措施。

通过开发数据接口，可将现场智能灌浆系统所采集的灌浆等数据实时传输至本平台内，通过统计分析等形成一系列可读性更强的分析成果，减少人工分析数据的工作量，同

图 5.6 - 26　内部温度查询与展示界面图

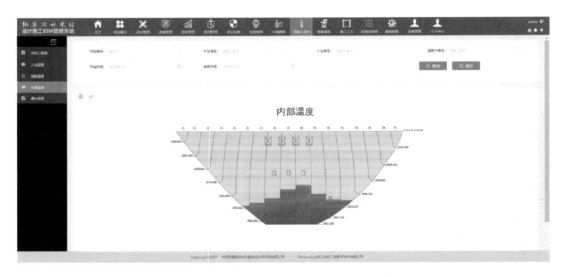

图 5.6 - 27　内部温度可视化展示界面图

时可以更加快速地为管理人员提供其所需的成果信息，从而更为科学地指导现场的灌浆施工。智能灌浆模块分为数据监控、实时数据、成果分析和灌后检查 4 个模块。

5.6.11.1　数据监控

该模块内将现场灌浆设备所产生的各类数据进行统一分类汇总，便于用户可查询各工程部位的详细灌浆数据，主要包括实时流量曲线、实时压力曲线、实时密度曲线以及灌浆数据记录表，如图 5.6 - 28 所示。

5.6.11.2　实时数据

当工程现场正在进行灌浆施工时，该模块将实时地把灌浆数据接入并展示，灌浆施工管理人员可以通过网页直接查询当前的灌浆实时数据，包括灌浆孔基本信息、进浆量、回

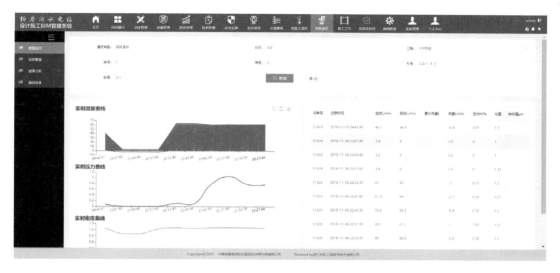

图 5.6-28 数据监控模块界面图

浆量、流量、压力、比重等，如图 5.6-29 所示。通过实时监控数据可以及时发现施工异常，并通知施工人员，从而有效地保证灌浆质量。

图 5.6-29 实时数据模块界面图

5.6.11.3 成果分析

灌浆成果分析模块内包含灌浆工程完成情况表、灌浆成果及分析。

灌浆工程完成情况表能够以灌浆类型、分区、工程部位为筛选条件，查询灌浆完成情况，如某一部位完成孔数、钻孔灌浆进尺、水泥用量、平均单位注灰量等信息，如图 5.6-30 所示。

灌浆成果及分析子模块基于各工程部位的灌浆数据，对灌浆成果进行统一汇总与分析。在灌浆成果一览表内，将各工程部位每个灌浆孔的灌浆成果进行汇总统计，统计内容包括灌浆次序、钻孔长度、灌浆长度、水泥用量、总段数、单位注灰量区间分布、平均透

图 5.6 - 30　灌浆工程完成情况表模块界面图

水率、透水率区间分布等，如图 5.6 - 31 所示。

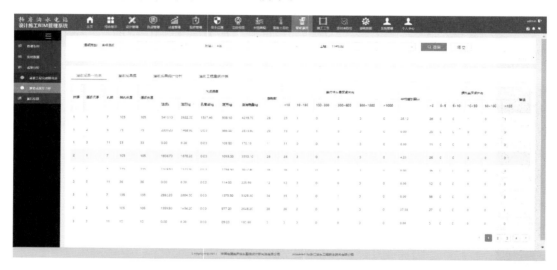

图 5.6 - 31　灌浆成果一览表界面图

灌浆成果图通过统计图的方式对各类灌浆成果等进行统计分析，包含各灌浆施工部位的透水率频率曲线图、单位注灰量频率曲线图、注灰量与透水率关系图、压力与注灰量关系图、综合剖面图等，如图 5.6 - 32 和图 5.6 - 33 所示。

灌浆成果统计分析以统计图的方式，对分序灌浆进尺、钻孔进尺、透水率分布区间及比例、分排及分序单耗、分排及分序透水率分布、单耗分布区间及比例等进行统计分析，如图 5.6 - 34 和图 5.6 - 35 所示。

5.6.11.4　灌后检查

灌后检查模块中可对透水率区间分布、检查孔分段压水实验结果和涌水情况等进行统

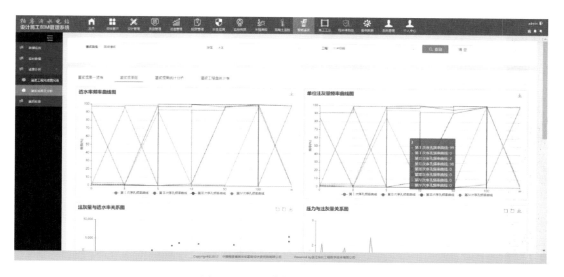

图 5.6-32 灌浆成果图界面 1

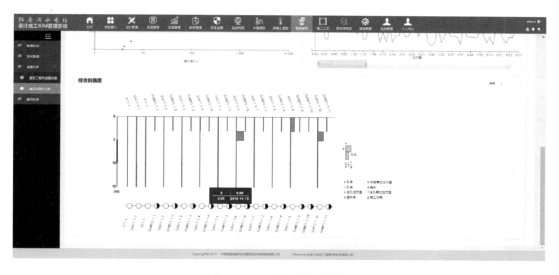

图 5.6-33 灌浆成果图界面 2

计展示,如图 5.6-36 和图 5.6-37 所示。

5.6.12 施工工艺

杨房沟水电站建设难度大,每项关键的施工工艺水平都决定着工程最终的建设质量,因此有必要通过更为直观、高效的方式将标准化施工工艺的相关要点、经验等传递给施工人员。

施工工艺模块采用 BIM 技术、可视化技术及多媒体技术,仿真施工工艺的应用场景,制作标准化工艺的说明视频,将枯燥的文字教材转化为活灵活现的施工场景,用一种更自然、更亲切、更生动的方式将行业知识、工程质量要求、经验教训传递给从业人员。施工标准化工艺视频以 BIM 为载体,将 BIM 与工法库集成,与施工工艺标准化日常管理(工

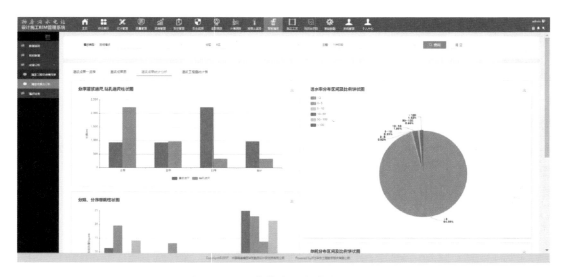

图 5.6-34 灌浆成果统计分析界面 1

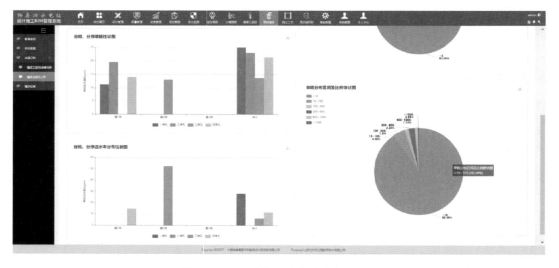

图 5.6-35 灌浆成果统计分析界面 2

艺明白卡、手册等）相结合，进行工法成果管理与成果发布，为工程信息、工法及其可视化成果、多媒体成果提供信息化的管理手段，保证工法的集中统一保存、版本控制、权限管理、快速查阅、统一调用等业务功能的实现，从而提升现场施工标准化水平。

根据工程建设特点及需求，杨房沟水电站施工工艺模块包含了缝面处理、钢筋施工、模板施工、混凝土浇筑、预埋件施工、保温养护共 6 类标准化施工工艺视频。

5.6.12.1 缝面处理

对水平施工缝、横缝面、老混凝土施工缝面深凿毛、建基岩面处理等施工工艺的要点和质量标准等进行了梳理，制作了缝面处理标准化工艺视频，并发布至数字化建设管理平台，供施工人员查阅学习，如图 5.6-38 所示。

图 5.6-36 灌后检查界面图 1

图 5.6-37 灌后检查界面图 2

5.6.12.2 钢筋施工

对钢筋下料、钢筋安装、特殊部位钢筋安装等施工工艺的要点和质量标准等进行了梳理，制作了钢筋施工标准化工艺视频，并发布至数字化建设管理平台，供施工人员查阅学习，如图 5.6-39 所示。

5.6.12.3 模板施工

对全悬臂模板、内拉钢桁架预制混凝土模板、大坝廊道模板等各类模板的安拆步骤、安全控制要点和质量控制要求进行了梳理，制作了模板施工标准化工艺视频，并发布至数字化建设管理平台，供施工人员查阅学习，如图 5.6-40 所示。

5.6.12.4 混凝土浇筑

对混凝土浇筑的开仓必备条件、入仓、平仓、振捣、收仓等各施工环节的施工要点和

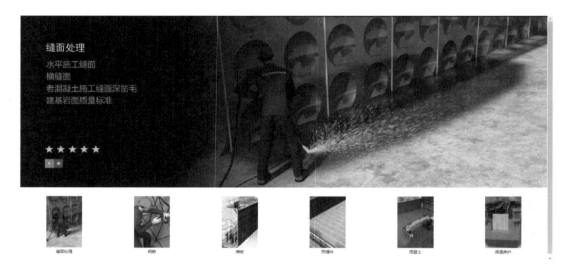

图 5.6-38　缝面处理标准化工艺视频

图 5.6-39　钢筋施工标准化工艺视频

质量控制标准等进行了梳理，制作了混凝土浇筑施工标准化工艺视频，并发布至数字化建设管理平台，供施工人员查阅学习，如图 5.6-41 所示。

5.6.12.5　预埋件施工

对坝内冷却水管、接缝灌浆管及坝体排水管的施工工艺控制要点进行了梳理，制作了预埋件施工标准化工艺视频，并发布至数字化建设管理平台，供施工人员查阅学习，如图 5.6-42 所示。

5.6.12.6　保温养护

对上下游坝面保温、仓面保温、横缝面保温、流道及廊道保温、坝段周边养护、仓面保湿养护等施工工艺的要点和质量标准等进行了梳理，制作了保温养护施工标准化工艺视

图 5.6－40 模板施工标准化工艺视频

图 5.6－41 混凝土浇筑施工标准化工艺视频

频，并发布至数字化建设管理平台，供施工人员查阅学习，如图 5.6－43 所示。

5.6.13 基础数据

1. 概述

平台的正常运行需要建立在各项基础数据正常维护的基础之上，基础数据模块包含项目划分、流程管理、新闻管理等子模块，各个子模块为平台提供了稳定的数据支撑。

2. 基础数据模块设计

（1）项目划分。施工包维护模块主要实现对 WBS 项目树的维护。在规定权限下，在左侧项目维护树中选中任一层级的任一工程，可在右侧表格中查看该工程本身及其各子级工程相关信息。可对项目树进行维护，在右侧新增工程，填入其基本属性与施工属性。基本属性

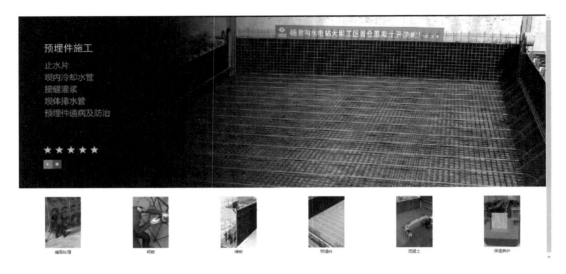

图 5.6-42　预埋件施工标准化工艺视频

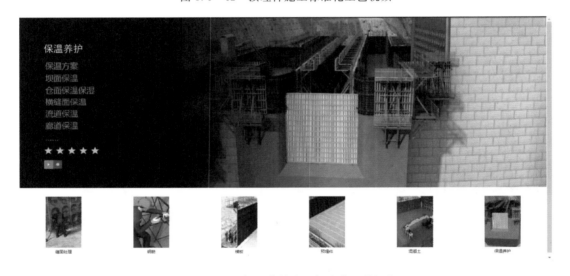

图 5.6-43　保温养护施工标准化工艺视频

包括名称、层级、编码、父级编码、父级名称等，施工属性包括工程类别（包括一级工程类别与二级工程类别）、总包单位、工程部位、工程量、是否重要隐蔽部位等信息。可对选中工程及其子级工程进行修改、删除，可导入或导出施工包信息。具体展示如图 5.6-44 所示。

（2）流程管理。对系统中各个有流程特性的业务功能模块，实现一个数据架构支撑。系统中原有缺省的流程业务都可以按工程项目的管理要求由发起者选择审批人/处理人进行灵活设置。管理员用户能够对计划、合同、质量、安全等业务工作流程进行建立、修改。

（3）新闻管理。新闻管理模块面向全体用户开放，用于查看新闻；对部分用户开放新闻编辑权限，可新增新闻；对部分用户开放新闻审核权限，对新增的新闻进行审核，审核后的新闻可面向全体用户发布。

图 5.6 - 44　施工包项目划分页面

5.6.14　系统管理

1. 概述

系统管理模块主要是为系统运行的业务模块做基础数据支持，实现各业务模块的正常运转，满足智能业务管理系统开发、智能建造应用等需要，同时支持与外部系统的对接融合。通过统一运行框架，构建服务总线、工作流引擎、消息服务、界面集成服务、报表图表、文件服务等，实现各应用稳定、高效运行。

2. 系统管理模块设计

系统设置可实现对系统本身进行相关的定制、维护和管理工作，为系统提供灵活性、适应性和较长的生命周期，包括人员信息、用户权限设置等管理信息设置，如图 5.6 - 45 所示。

图 5.6 - 45　系统设置页面

5.6.15　个人中心

个人中心面向全部用户，包含任务待办、已办任务、待完成任务、已委托任务、已抄送任务等页面，为用户提供必要的个人工作区，实现全部工作任务的处理和查阅，如图 5.6－46 所示。

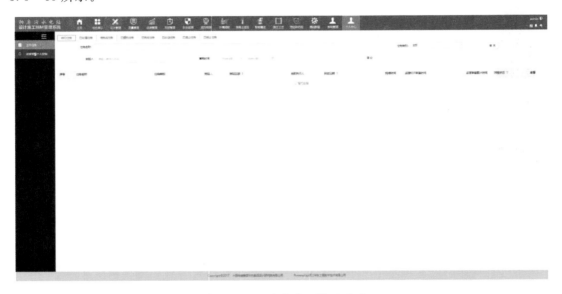

图 5.6－46　个人中心管理页面

第6章 智能建造一体化集成

6.1 施工进度仿真

6.1.1 施工系统简介

采用系统仿真技术、三维建模技术、数据库技术、控制论等，对杨房沟水电站高拱坝混凝土施工系统进行分解协调分析，研制开发坝建设仿真与进度实时控制分析系统，实现对大坝施工进度的实时监测和反馈控制，在整个工程建设期内实现大坝施工进度信息的动态更新与维护，为杨房沟水电站工程建设过程的进度控制与决策提供技术支撑和分析平台。

高拱坝混凝土施工过程是一个从混凝土制备、混凝土运输到混凝土浇筑的过程，可据此将高拱坝混凝土施工系统划分为混凝土制备子系统、混凝土运输子系统和混凝土浇筑子系统，其示意图如图6.1-1所示。

1. 混凝土制备子系统

拌和系统将砂石骨料、水泥、水、外加剂、掺和剂制成混凝土。混凝土制备是保证混凝土工程进度和质量的关键作业，要求拌制的混凝土的强度必须保证进度要求，其温度和稠度必须满足设计要求，并根据不同季节及混凝土温度要求做好温控保护措施，以确保混凝土出机口温度能够控制在规定的范围内；同时根据不同时段的浇筑强度要求，充分做好混凝土供应。

2. 混凝土运输子系统

混凝土运输子系统包括水平运输和垂直运输两部分，用来保证混凝土质量的情况下快速、高效地将混凝土输送到坝体浇筑部位。

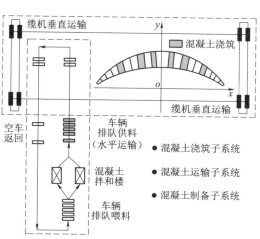

图6.1-1 高拱坝混凝土施工系统
分解示意图

混凝土运输子系统用皮带机、自卸汽车与料罐车等设备形成供料线。对于大中型混凝土坝工程通常都有多个混凝土拌和系统分布在施工厂内不同的部位，每个子系统可能有多幢拌和楼，每条供料线按施工方案布置和一定的优先规则到不同的拌和楼取料，然后输送到相应的坝体浇筑部位，这样就形成了一个排队服务系统。

　　3.混凝土浇筑子系统

　　混凝土浇筑过程按照准备作业（拆立模板、铺设冷却水管、架设钢筋等）、混凝土入仓浇筑、平仓振捣和混凝土养护的工艺流程进行。作为大体积混凝土的坝体，由于混凝土凝结特性和凝结过程力学特性的影响，为了防止坝体开裂，往往采用分缝分块浇筑形式施工。混凝土浇筑子系统是对坝体进行分缝分块分层浇筑的。从浇筑块与机械设备的关系来看，是由浇筑机械按照一定的坝体上升规则，在满足特定约束条件的情况下从所有坝块中选择一个可浇块进行浇筑，同时吊装机械协助做一些辅助吊装工作。

　　高拱坝混凝土浇筑施工是一个以浇筑机械和浇筑坝块交替选择，以及坝块的浇筑活动为循环反复的过程，如图6.1-2所示。

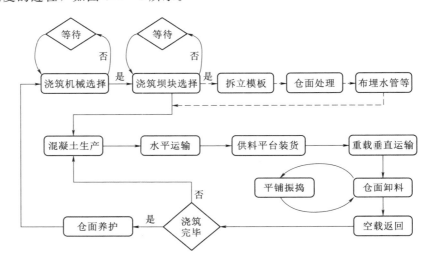

图6.1-2　高拱坝混凝土浇筑施工循环示意图

　　高拱坝的施工是按坝块浇筑进行的，浇筑坝块的划分是根据坝体和地形特点，以及温控等要求，通过横缝将坝体划分为若干坝段，再根据实际浇筑厚度要求，将坝段划分为众多浇筑块。在混凝土浇筑时，首先从所有空闲的浇筑机械中选择间歇时间最长的浇筑机械，然后在该机械浇筑控制范围内选择满足各种控制或约束条件的可浇筑块，并根据坝块所在的空间位置、坝块大小，以及在浇筑机械的混凝土运输能力的情况下，判断在允许时间（混凝土初凝时间）内完成指定仓面的混凝土铺层活动所需的浇筑机械数量，并从剩余浇筑机械中选择合作机械。确定完浇筑机械后再开始坝块的浇筑活动，在开始浇筑之前必须完成诸如立模、仓面处理、布管等准备工作。在坝块混凝土浇筑过程中，还要进行平仓、振捣活动，坝块浇筑结束时需要进行养护处理等。一个坝块浇筑结束后将进行下个循环，在条件允许的情况下，可以同步进行多坝块浇筑。

　　坝体混凝土浇筑是一个以浇筑机械为"服务台"、浇筑坝块作为浇筑服务"对象"的复杂的、多级的随机有限源服务系统。其中拌和楼及浇筑机械作为服务台，分别对水平运输机械及浇筑坝块服务，水平运输机械既接受拌和楼排队等待供料服务，又接受供料平台浇筑机械的受料服务；坝块在浇筑过程排队等待浇筑机械的浇筑服务。

6.1.1.1 系统总体设计

针对杨房沟水电站高拱坝施工特点，从以下方面进行系统的设计与开发。

1. 面向施工实现实时仿真与动态辅助决策

系统开发面向施工阶段，这要求系统不仅能够实现实时仿真的目的，以满足随工程进展，开展动态的仿真和预测活动，而且能够根据仿真参数环境的变化进行自适应的动态处理活动。另外，为了更好地实现仿真系统的辅助决策目的，要求在系统开发上充分考虑现场的实际需求，做好系统功能的设计与优化。

2. 通用化、模块化仿真要求

为了便于将本系统应用于其他类似相关工程，通过通用化、模块化仿真，以便决策者的操作和使用。

3. 系统交互友好且信息采集方便、快捷、直观

由于用户不是建模者本身，因此，除了要求实现参数化仿真外，还要保证系统操作界面的交互友好，而且，仿真结果产生的信息要能够快捷、方便地获取，尽可能用图、表及图像形式综合直观表达，实现信息表达方式的多角度、多层面化。

4. 系统维护和管理方便

为了适应现场复杂施工环境及仿真目的的变化要求，要求系统在设计上要便于维护和管理，保证在仿真目的发生变化时，能够快捷地开展仿真模型的调整和优化活动。

6.1.1.2 主要技术路线

1. 拱坝三维体形及边界环境建模

（1）根据拱坝典型高程的拱圈平面方程、拱圈中心角等大坝形体设计资料，利用犀牛三维设计软件建立坝体的三维模型。

（2）根据设计院提供的杨房沟水电站施工总布置、坝区地形、其他水工建筑物等设计图纸资料，对大坝整个坝区的边界环境进行三维数字建模。

2. 大坝建设仿真与进度实时控制分析

针对杨房沟水电站高拱坝施工特性，根据现场实际边界条件的改变，动态修正仿真模型参数及逻辑关系，实现对大坝施工进度的实时控制分析。高拱坝建设仿真与进度实时控制分析系统如图 6.1-3 所示，主要实现以下功能。

（1）高拱坝施工长期（年计划）以及中短期（季度计划、月计划、周计划）进度计划的编制与调整。

（2）实时跟踪大坝混凝土浇筑进程，对大坝当前实际进度进行统计分析。

（3）大坝施工进度的动态监控分析，进行实际进度与计划进度的动态比较。

（4）大坝施工进度多方案实时仿真计算与优化分析。

（5）工程进度变化趋势预测分析、计划进度的定期动态调整。

（6）工程进度的查询，进度计划、进度控制图表的打印输出。

（7）各种资源的统计分析、大坝混凝土施工跳仓跳块优化。

（8）施工现场实施动态反馈分析，提出高质量、高强度连续施工的工程措施，及时优化调整施工方案。

（9）工程完工概率计算及完工风险分析。

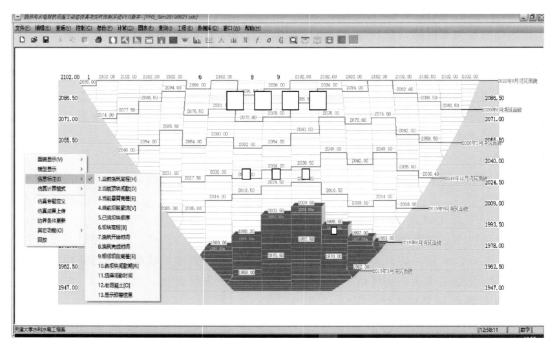

图 6.1-3 高拱坝建设仿真与进度实时控制分析系统

6.1.2 系统研发

6.1.2.1 系统总体结构

该系统主要采用功能强大且接口良好的可视化集成化开发语言来实现。图 6.1-4 为杨房沟水电站高拱坝施工进度仿真软件系统整体结构。杨房沟水电站仿真系统主要分为仿真模

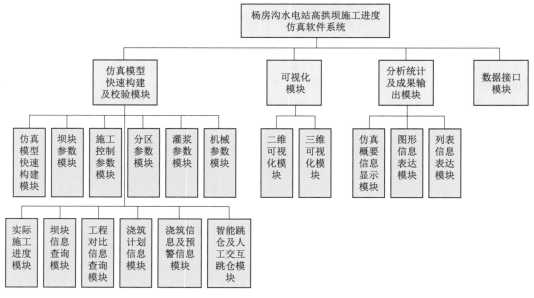

图 6.1-4 杨房沟水电站高拱坝施工进度仿真软件系统整体结构

型快速构建及校验模块、可视化模块、分析统计及成果输出模块、数据接口模块。同时，各个模块还有相应子模块。这些模块之间不是相互独立的，而是相互联系，相互影响的。通过各个模块的独立运行以及各个模块之间的连接，形成杨房沟水电站施工进度仿真系统。

6.1.2.2 仿真模型快速构建及校验模块

1. 仿真模型快速构建模块

该模块主要实现对大坝体型、施工资源、工艺要求、施工方案、管理参数、效率参数、水文气象条件等仿真模型、仿真参数的导入导出，以满足仿真模型的快速构建。杨房沟水电站仿真系统界面如图 6.1-5 和图 6.1-6 所示。

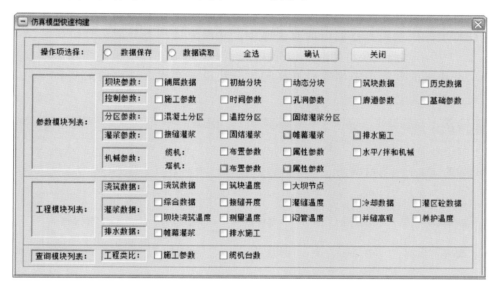

图 6.1-5　杨房沟水电站仿真模型快速构建模块

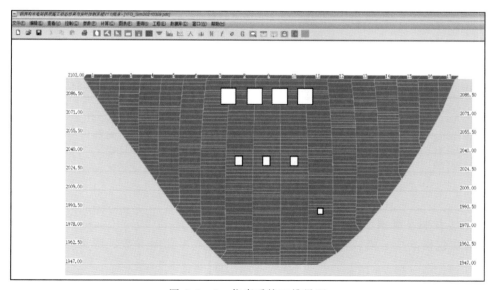

图 6.1-6　仿真系统二维界面

大坝混凝土工程施工仿真模型综合考虑了混凝土的生产、运输、浇筑到养护整个一条龙作业施工环节，以及与坝体浇筑同步进行的固结灌浆、接缝灌浆、金属结构安装等施工工序，根据快速构建的仿真模型，系统提供了各仿真边界参数的实时搜索、查询、修改、校验功能。

2. 坝块参数模块

坝块参数模块主要指大坝筑块的基本参数，包括了分层数据、动态分块、坝块数据三部分，主要用于进行大坝筑块的分层分块。其中分层数据指的是大坝按0.1m厚度进行切割后所得到铺层的综合数据（如铺层的坐标、高程、面积、方量）等。系统针对实际施工过程中筑块厚度会经常发生调整的情况，特别设置了动态分层分块功能，可以设定任意坝段任意高程范围内的筑块厚度，从而完成动态分层。分块后的坝块参数如图6.1-7所示。此模块将针对坝体分块中的分块原则进行校验，当某坝段分块范围有重叠、分块最低高程小于坝段最低高程或分块最高高程大于坝段最高高程时，则提示用户进行修改。

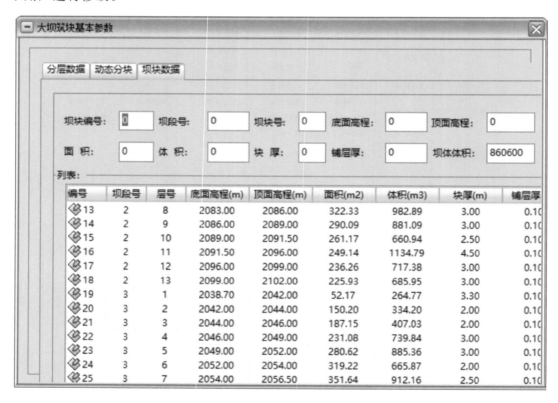

图 6.1-7 坝块参数

3. 施工控制参数模块

该模块包括5个子模块，即施工参数、时间参数、孔洞参数、廊道参数及基础处理参数。

（1）施工参数。施工参数的设置主要包括仿真计算开始时间（以年、月、日作为选项来确定)、大坝坝底高程、坝顶高程、坝高、相邻坝段的最大高差、大坝整体控制高差、悬臂高差、拆模时间、老砼时间、强行间歇时间等,如图 6.1-8 所示。此部分针对仿真计算开始时间、大坝坝底高程、坝顶高程、各控制参数进行校验,当超过设定范围时,则提示用户进行校核或修改。

图 6.1-8 施工参数

(2) 时间参数。该模块主要是根据项目实际情况,确定不同月份机械可进行混凝土浇筑的时间 (月有效工作天数),以及浇筑机械可用混凝土浇筑的时间 (日有效工作小时数),包括筑块间的最小间歇时间。时间参数如图 6.1-9 所示。此部分针对月有效工作天数及日有效工作时间进行校核,当月有效工作天数大于日历天数或日有效工作时间大于24h,则提示用户进行修改。

(3) 孔洞参数。该模块主要考虑孔洞对坝体混凝土施工的影响,由于孔洞对坝体混凝土施工影响比较复杂,该模块按孔洞类型进行独立设立控制条件,主要包括孔口尺寸、孔洞类型、孔口悬臂高度、钢衬时间等参数。孔洞参数如图 6.1-10 所示。由于影响坝体混凝土浇筑不仅仅是孔口处的影响,还包括孔口下部起悬 (外悬) 开始,其施工就有别于其他常规坝块,以及孔洞上部有大量金属结构安装,这些都影响到该区域柱体混凝土的浇筑速度,因此,该模块又提供对每个孔洞的详细控制参数,且划分为孔口底板、孔口及孔口顶板三个区段混凝土块进行处理。此部分针对孔口类型与金属结构安装时间进行校验。

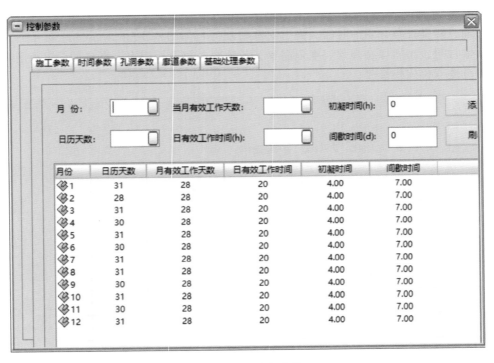

图 6.1-9　时间参数

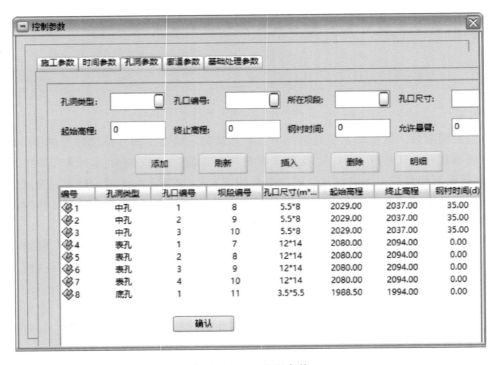

图 6.1-10　孔洞参数

（4）廊道参数。坝体除孔洞会对坝体上升速度有很大影响外，廊道也是一个重要影响因素，而且坝体往往布置有较多的各种类型廊道，廊道的布筋等处理活动占用仓面处理时间，影响混凝土浇筑，因此，仿真系统提供针对廊道的影响控制参数模块，该模块将廊道类型划分为水平、竖直及斜廊道三种。廊道参数如图 6.1-11 所示。

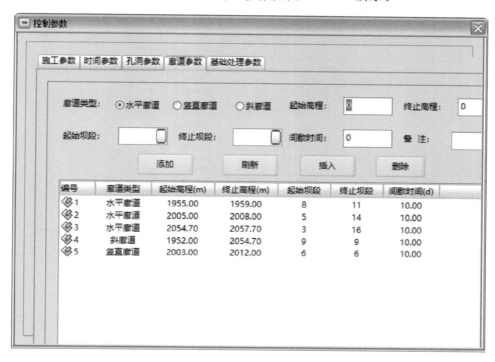

图 6.1-11　廊道参数

（5）基础处理参数。在坝体混凝土浇筑时，各坝段的基础处理对坝体混凝土的浇筑具有很大的影响，基础没有处理完毕，其上部的混凝土无法进行浇筑作业，因此，基础处理完毕的时间直接影响到坝体混凝土开浇时间。此部分针对基础处理时间进行校验，如基础处理时间晚于坝段开始浇筑时间，则提示用户进行修改。基础处理参数如图 6.1-12 所示。

4. 分区参数模块

该模块参数不作为系统仿真计算的控制参数，主要用于信息显示和统计分析用。该模块提供三类分区信息管理，包括混凝土分区、温控分区及固结灌浆分区。混凝土分区，主要是记录坝体混凝土的分区情况，以及其浇筑采用的混凝土类型，用于后面图表模块中进行二维信息显示所用。温控分区，主要记载坝体不同区段的温控要求，同样用于信息显示。固结灌浆分区，主要记载基础部位不同区域固结灌浆的要求，一般情况按灌浆区来划分，不同区块灌浆的深度不同。

5. 灌浆参数模块

该模块重点提供灌浆过程对坝体混凝土施工影响的控制参数管理模块。

接缝灌浆影响坝段悬臂，悬臂高程又影响坝段上升速度，同时，接缝灌浆又影响阶段目标，如蓄水发电、防洪度汛。本模块根据计划要求，对坝段接缝按高程区段对整个坝体

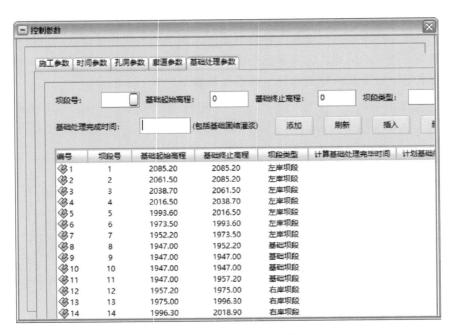

图 6.1-12　基础处理参数

划分若干灌浆区，以及进行灌浆的有关要求。固结灌浆参数主要考虑两种形式的固结灌浆，一种是有压重的，另一种是无压重的。此模块主要对接缝灌浆、固结灌浆控制参数进行校验，当超出预定范围时，则提醒用户进行检查修改。接缝灌浆、固结灌浆参数如图6.1-13 和图 6.1-14 所示。

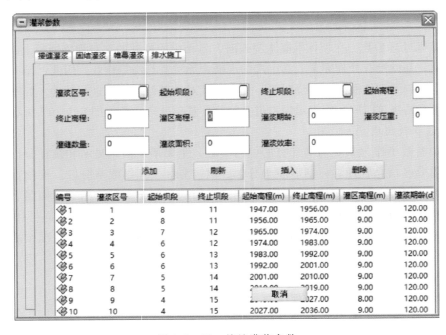

图 6.1-13　接缝灌浆参数

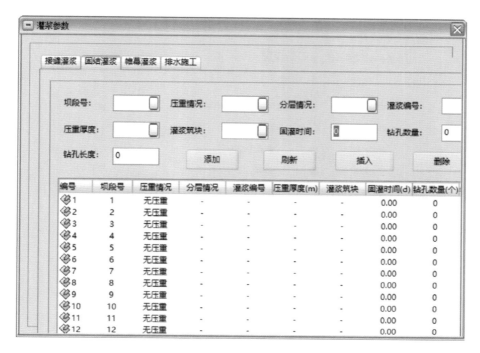

图 6.1-14 固结灌浆参数

6. 机械参数模块

根据大坝施工情况，主要的机械有拌和楼系统、自卸汽车以及缆机系统。本系统提供这三类机械的施工参数，主要有缆机布置参数、缆机属性参数、水平运输机械参数以及拌和楼运行参数。此模块主要对机械运行参数进行校验，当超出预定范围时，则提醒用户进行检查修改。缆机布置参数和属性参数如图 6.1-15 和图 6.1-16 所示。

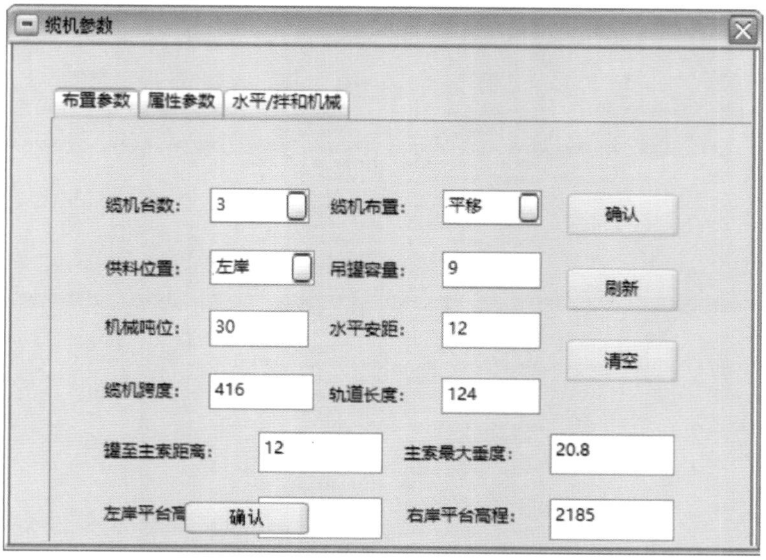

图 6.1-15 缆机布置参数

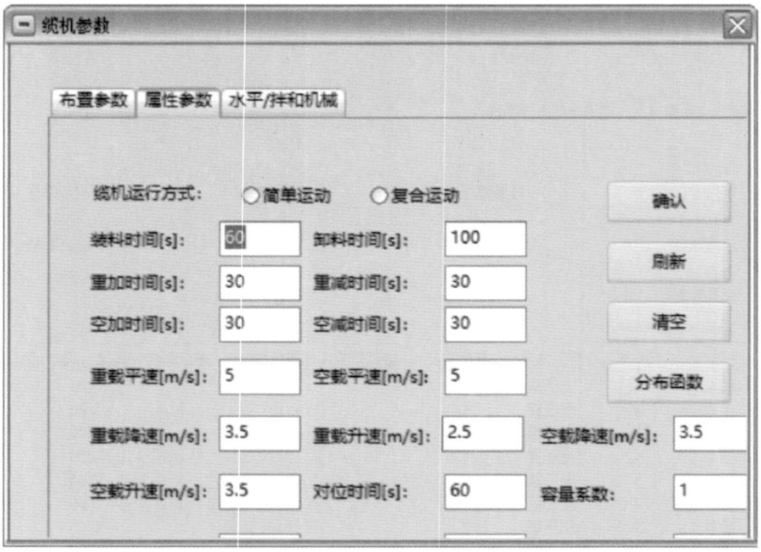

图 6.1-16　缆机属性参数

7. 实际施工进度模块

由于系统是动态仿真计算，可以在当前筑块的实际面貌下进行仿真计算分析，对大坝施工进度的实时控制具有重要的作用，因此系统提供了已浇筑块的工程数据查询模块。实际施工进度数据主要包括筑块的开封仓时间、工程量等工程信息，以及接缝灌浆的灌浆时间、灌浆区各区龄期以及温度等信息。其中已浇筑坝块信息可以为 Excel 文件，以便用户对已浇筑坝块进行统计分析。坝块浇筑数据如图 6.1-17 所示。

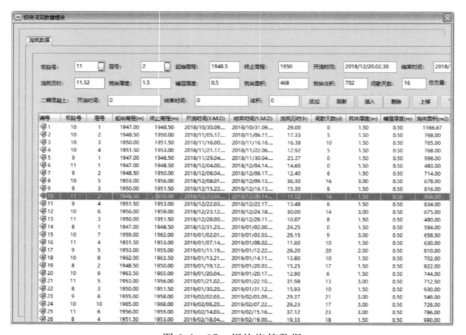

图 6.1-17　坝块浇筑数据

8. 坝块信息查询模块

本系统提供了对坝块信息的查询功能，可以依据不同的模式对坝块施工信息进行查询，本系统提供的模式有仓面面积、坝块体积、坝段长度以及坝段高程，仓面面积、坝段长宽查询如图 6.1-18 和图 6.1-19 所示。

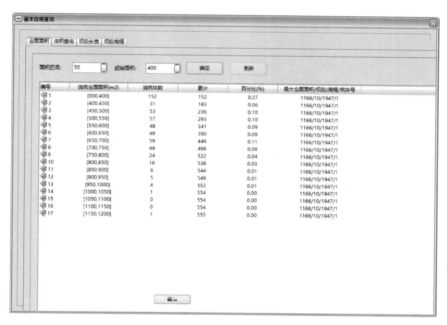

图 6.1-18 仓面面积查询

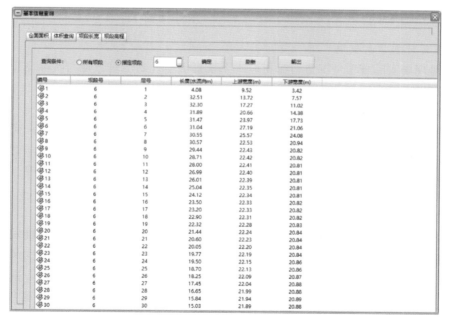

图 6.1-19 坝段长宽查询

135

9. 工程对比信息查询模块

为了对工程实际浇筑情况进行评价，本系统提供了其余工程的浇筑信息的对比分析。通过提前录入其余工程的施工信息，可以查询施工信息，并与工程实际施工情况进行对比分析，为加快工程施工提供参考。工程对比信息查询如图 6.1 - 20 所示。

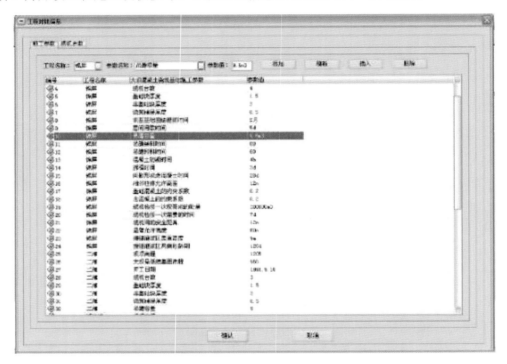

图 6.1 - 20　工程对比信息查询

10. 浇筑计划信息模块

为了对现场实际施工情况进行分析，本系统提供了计划浇筑方量与实际浇筑情况的对比，结果可以表格和图形的方式显示，如图 6.1 - 21 所示。

11. 浇筑信息及预警信息模块

本系统提供了对当前浇筑信息及预警信息的查询。通过本模块，可以查询到当前基本浇筑信息，包括当前已浇筑坝块数目、浇筑方量、接缝灌浆高程、当前最大悬臂、当前最大相邻坝段高差以及最大坝体高差信息。预警信息包括悬臂预警、间歇期预警、相邻高差预警以及最大高差预警，如图 6.1 - 22 所示。

12. 智能跳仓及人工交互跳仓模块

大坝仿真模型可以通过对大坝跳仓浇筑规则的人工设置来实现拱坝的智能跳仓及人工交互跳仓功能，从而增强了大坝仿真模型的灵活性和适应性，可以有效提高大坝施工仿真模拟的精度。根据现场实际跳仓情况以及同类型其他工程跳仓经验，可以对不同跳仓规则进行学习，使大坝仿真模型具有一定的智能性，从而更好地辅助管理人员制定大坝跳仓计划安排。同时，仿真模型也提供了人工交互跳仓功能，即管理人员可以制定某些仓位的跳仓安排，仿真模型在人工跳仓安排的基础上对后续坝段进行仿真模拟，使得仿真模型具有

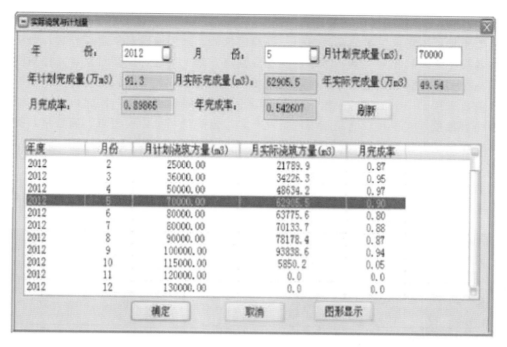

图 6.1-21 计划浇筑与仿真浇筑对比

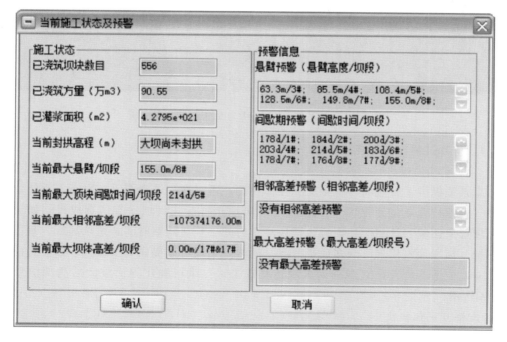

图 6.1-22 浇筑信息及预警信息模块

更好的交互性。

6.1.2.3　混凝土坝施工场区三维建模

混凝土坝施工场区三维建模是基于三维建模软件，采用面向对象建模方法，分析三维场景中各模型之间的相关关系，按照层次法分别建立施工场区各模型对象，并根据模型之间空间拓扑关系组合各模型，建立施工场区整体三维模型。为了使施工场区三维模型更为真实，需要采用贴图、渲染等手段，将各类图片赋予三维模型表面，同时也可以有效降低场区中模型数量，实现在较高精细度的情况下，尽量降低场景中模型点、面数量，提高运行效率。建模主要包括三维数字地形建模、混凝土坝三维模型建模、围堰三维模型建模、道路交通和临时施工场地三维模型建模、开挖面可视化建模、水面水流可视化模型、三维模型组合及贴图映射等操作，基于以上操作，可以直观表达三维场景模型。基于 BIM＋AR 的施工进度仿真分析如图 6.1－23 所示。

图 6.1－23　基于 BIM＋AR 的施工进度仿真分析

6.1.2.4　仿真过程动态可视化功能

1．二维可视化模块

仿真系统提供了直观的可视化交互操作功能，可以在二维视图下实时查看坝体浇筑形象面貌（包括接缝灌浆面貌），在当前面貌下可以选择标注大坝动态仿真成果，如任意月份的大坝形象面貌、计划形象面貌、筑块浇筑时间、筑块间歇时间、筑块高程、坝段累计浇筑方量、坝段预警信息等众多成果信息。同时，系统可以提供页面放大、缩小，图片输出等功能，便于管理人员直观查询大坝仿真成果。二维可视化界面放大后局部信息如图6.1－24 所示。

2．三维可视化模块

基于 BIM 的混凝土坝仿真智能建模主要是针对仿真建模过程中涉及的大坝形体、各类施工机械及各控制要素，采用面向对象的方法进行建模与分析。大坝形体建模以坝块为研究对象，建立坝块的各项属性指标，包括坝块编号、坝块空间坐标、面积、体积等。施

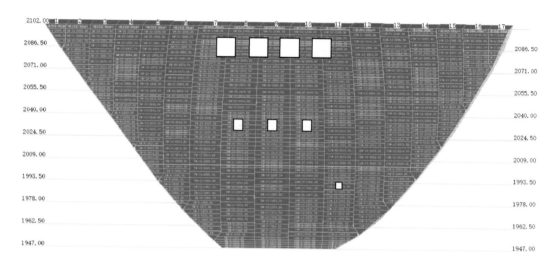

图 6.1-24　二维可视化界面放大后局部信息（单位：m）

工机械建模，是以施工机械（包括混凝土拌和机械、运输机械及仓面作业机械）为研究对象，针对影响施工进度的各类施工机械指标进行建模。其中混凝土运输机械，主要包括机械编号、对应的供料系统、机械布置参数、运行参数及施工范围等。施工控制模型是针对施工过程中各项控制要素的建模，是关于坝块受到外界环境制约及坝块相互制约关系的描述，如大坝防洪度汛节点要求、不同坝段之间高差约束关系等。通过对大坝形体、施工机械及施工控制要素的建模与分析，建立基于 BIM 的混凝土仿真模型。在仿真计算过程中，以事件推进法，实现仿真过程的推进。

基于 BIM 的混凝土坝仿真智能建模与三维可视化，以施工场区三维模型为基础，链接进度数据作为时间维度实现施工过程的动态模拟。根据实时施工进度或实时仿真计算过程数据，实时获取施工现场各模型对象施工状态，并在三维模型中实时显示，实现混凝土坝施工过程三维仿真分析。基于 BIM 的混凝土坝施工过程三维可视化仿真流程如图 6.1-25 所示。

基于 BIM 的混凝土坝施工过程三维可视化仿真主要包括三个部分：

（1）对象的创建与初始化。建立场景模型对应的施工实体和场景实体对象，同时创建对象管理类等施工控制模型。通过初始化设置施工实体和场景模型的初始状态。对于混凝土坝施工过程，主要施工实体为各坝段模型，在初始化状态下，实时获取各坝段实时高程，并在三维场景中进行实时显示。

（2）已浇筑坝块施工过程三维可视化回放。根据数据库中各坝段浇筑时间及高程数据，不断推进施工时间参数，并改变系统状态，计算出场景中各实体新的状态和位置变化，完成三维场景的实时更新。已浇筑坝块浇筑过程回放流程如下。

```
If(ReviewProcess) //响应用户回放命令
{
While(Time! ＝PresentTime ) // 时间推进到当前时间
{
```

```
DataFlash();//更新数据,推进施工时间参数
Elevation();//更新数据,获取各个坝段浇筑高程
SceneUpDate();//计算场景内实体的状态和位置变化
FrameOut();//完成真实施工场景的更新
  }
}
```

通过实时读取数据库,实现了施工过程的三维可视化回放。

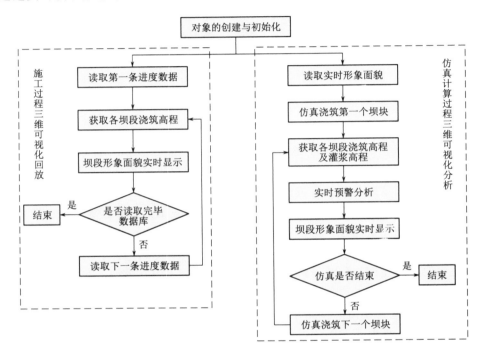

图 6.1-25　基于 BIM 的混凝土坝施工过程三维可视化仿真流程

(3) 仿真计算过程三维可视化分析。针对实时仿真计算过程,将实时仿真计算过程与施工过程三维可视化模型耦合。根据实时仿真计算过程,将各坝块仿真浇筑信息及接缝灌浆信息实时传递至施工过程三维可视化模型中,实时更新各坝段状态,推进施工时间进度,并改变系统状态,计算场景中各个实体新的状态和位置变化,完成三维场景的更新。仿真计算过程三维可视化流程如下。

```
If (RealTimeProcess)//响应用户实时仿真命令
  {
While(Time! =EndTime) //时间推进到实时仿真计算时间
  {
DataFlash();//更新数据,推进仿真时间参数
Simulate();//调用实时仿真计算过程
Elevation();//更新数据,获取各个坝段浇筑高程及接缝灌浆高程
SceneUpDate();//计算场景内实体的状态和位置变化
```

```
FrameOut();//完成真实施工场景的更新
    }
}
```

在仿真计算的过程中，需要实时分析仿真计算状态，进行各项仿真参数的实时预警、报警分析，如坝段顶块间歇预警、坝段悬臂高度预警、最大高差预警、相邻坝段高差预警等。如果以上指标大于设定值，则需要进行预警及报警分析。

```
For(int i=1;i≤TotalMonolith;i++)
If (Rp(i)≥Rpc) //实时参数大于控制指标
{
Warn();//更新数据,更新预警数据
SceneUpDate();//计算场景内实体的状态和位置变化
FrameOut();//完成真实施工场景的更新
}
```

通过实时分析，并将数据实时进行三维可视化显示，实现了仿真计算过程的三维可视化及施工信息的实时显示。

6.1.2.5 分析统计及成果输出模块

系统提供了丰富的仿真成果的分析统计输出功能，可以实现对大坝混凝土施工月浇筑强度、年浇筑强度曲线、柱状图统计分析；缆机浇筑混凝土的有效时间利用率、辅助时间利用率统计分析；混凝土生产拌和系统、混凝土运输系统和缆机一条龙作业的效率与配套性分析；大坝计划进度与实际进度监控对比分析，对大坝当前进度进行评价以及预警分析；通过修改施工参数进行多方案的对比分析，定量定性分析施工参数对大坝施工总进度的敏感性；对大坝各浇筑块控制点坐标、面积、浇筑方量等进行统计分析。

该模块可以获取大坝关键节点（如度汛、下闸、蓄水、发电）的实时、计划以及实时与计划对比等情况下的大坝三维形象面貌及信息标注成果，并以 CAD、Excel、JPG 等格式进行二维图形输出。同时，大坝仿真成果也可以按照各类参数分项或者指定范围及汇总等方式生成输出报表。

仿真计算结果的信息输出显示方式有两种，一种是通过图形来直观表达信息，另一种是通过列表方式，详细列出数据信息。由于仿真过程会产生大量的过程信息，但并不是所有信息都是用户所关心的，因此，系统在信息输出模块中，有针对地提供与辅助决策有关的部分信息，并用图表形式来表达。用户可以结合两种信息表达方式来全面了解和把握研究方案的情况，而且该模块仅显示当前仿真计算结果，如果用户需要保存该次仿真结果的信息，只能通过本模块提供的数据文件输出功能或打印功能进行处理。

1. 仿真概要信息显示模块

该模块主要是提供本次仿真计算基本仿真结果的查询。主要信息有坝块浇筑完成时间、仿真混凝土等方量、月最大浇筑方量及时间、月最大机械效率及时间以及关键月份大坝形象面貌情况。仿真概要信息显示如图 6.1-26 所示。

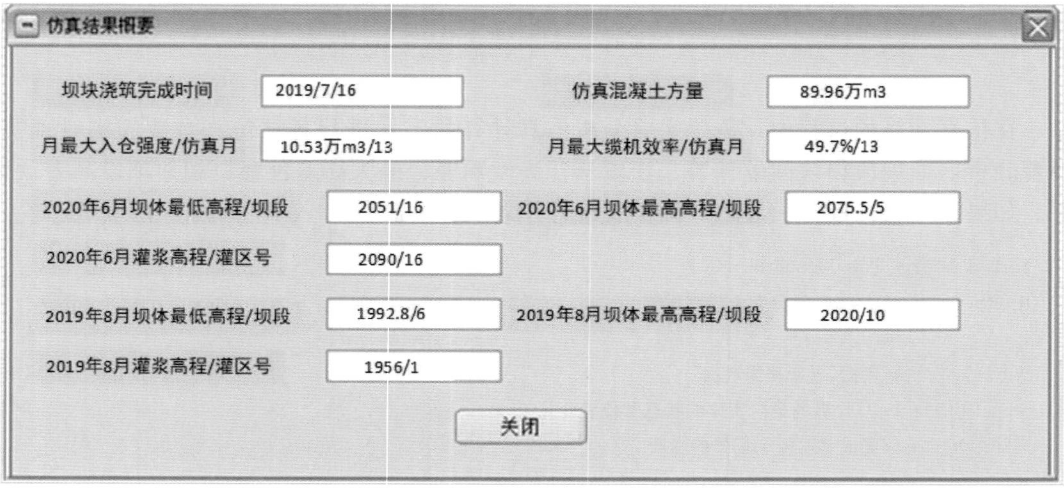

仿真结果概要
坝块浇筑完成时间
2019/7/16
仿真混凝土方量
89.96万m3
月最大入仓强度/仿真月
10.53万m3/13
月最大缆机效率/仿真月
49.7%/13
2020年6月坝体最低高程/坝段
2051/16
2020年6月坝体最高高程/坝段
2075.5/5
2020年6月灌浆高程/灌区号
2090/16
2019年8月坝体最低高程/坝段
1992.8/6
2019年8月坝体最高高程/坝段
2020/10
2019年8月灌浆高程/灌区号
1956/1
关闭

图 6.1－26　仿真概要信息显示

2. 图形信息表达模块

此模块主要提供各时刻坝体形象图、机械效率图、接缝灌浆进度图、混凝土分区图、混凝土供应量图、施工过程二维动态图等仿真信息的分析统计及成果输出。图形信息如图 6.1－27～图 6.1－32 所示。

区段：按月
月份：
显示
刷新
关闭
1
2
3
4
5
6
7
8
9
10
11
12
13
14
15
16
17
250
200
150
100
50
0
上游立视图

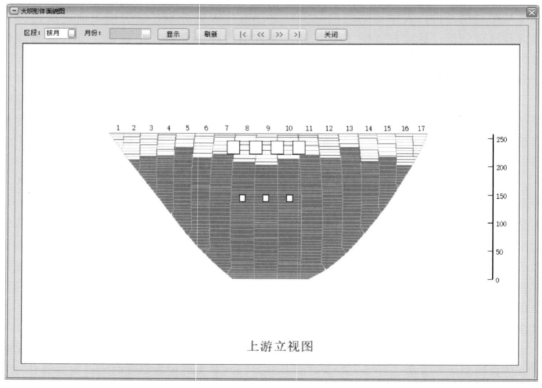

图 6.1－27　坝体形象图

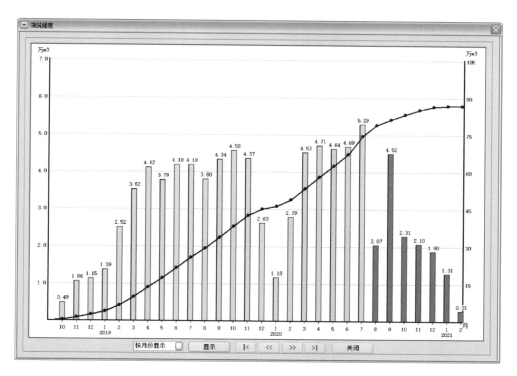

图 6.1-28 机械效率图

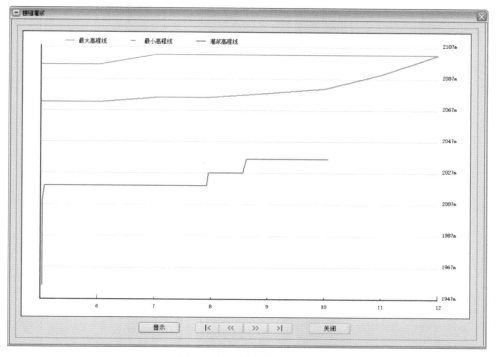

图 6.1-29 接缝灌浆进度图

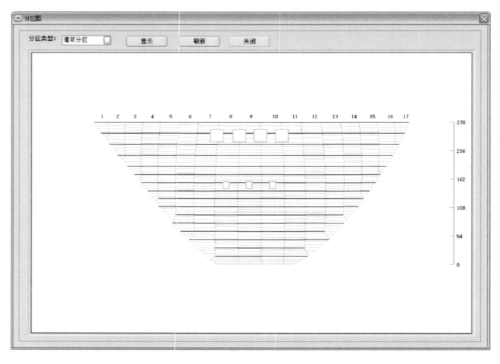

图 6.1-30　混凝土分区图

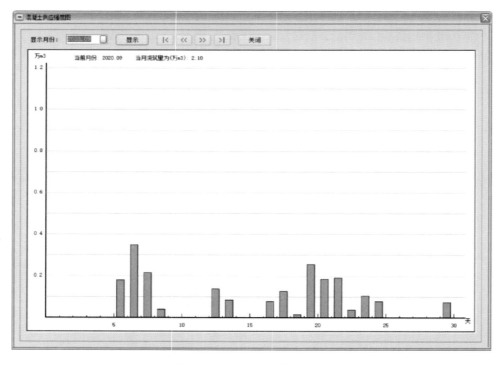

图 6.1-31　混凝土供应量图

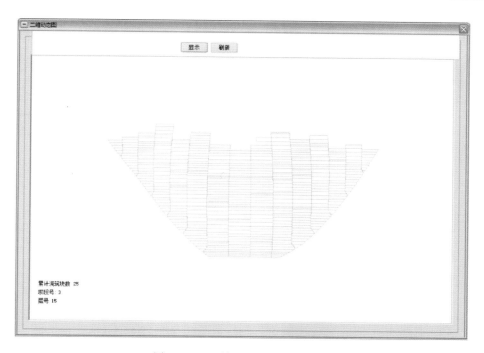

图 6.1-32　施工过程二维动态图

3. 列表信息表达模块

列表包括坝体浇筑高程列表（图 6.1-33）、坝体浇筑强度列表（图 6.1-34）、坝体浇筑块数量列表（图 6.1-35）、机械利用效率表（图 6.1-36）、浇筑顺序列表（图 6.1-

编号	日期	坝段号	高程	最低高程	最大高程	月升(m)	均升(m)	MHi/pNo
4	2020/06	4	2085.00	2072.00/9	2096.00/5	6.5	3.5	9.00/0
5	2020/06	5	2096.00	2072.00/9	2096.00/5	8.5	3.5	9.00/0
6	2020/06	6	2081.00	2072.00/9	2096.00/5	4.5	3.5	9.00/0
7	2020/06	7	2083.00	2072.00/9	2096.00/5	2.5	3.5	9.00/0
8	2020/06	8	2075.50	2072.00/9	2096.00/5	3.5	3.5	9.00/0
9	2020/06	9	2072.00	2072.00/9	2096.00/5	3.0	3.5	9.00/0
10	2020/06	10	2080.00	2072.00/9	2096.00/5	4.5	3.5	9.00/0
11	2020/06	11	2089.00	2072.00/9	2096.00/5	9.0	3.5	9.00/0
12	2020/06	12	2079.50	2072.00/9	2096.00/5	3.0	3.5	9.00/0
13	2020/06	13	2087.50	2072.00/9	2096.00/5	0.0	3.5	9.00/0
14	2020/06	14	2072.50	2072.00/9	2096.00/5	0.0	3.5	9.00/0
15	2020/06	15	2077.00	2072.00/9	2096.00/5	1.0	3.5	9.00/0
16	2020/06	16	2072.00	2072.00/9	2096.00/5	3.3	3.5	9.00/0
17	2020/06	17	2074.60/S	2072.00/9	2096.00/5	3.3	3.5	9.00/0
18	2020/07	1	2085.20/S	2075.00/16	2102.00/5	0.0	9.0	15.00/0
19	2020/07	2	2080.00	2075.00/16	2102.00/5	6.0	9.0	15.00/0
20	2020/07	3	2089.50	2075.00/16	2102.00/5	12.0	9.0	15.00/0
21	2020/07	4	2094.50	2075.00/16	2102.00/5	9.5	9.0	15.00/0
22	2020/07	5	2102.00	2075.00/16	2102.00/5	6.0	9.0	15.00/0
23	2020/07	6	2091.70	2075.00/16	2102.00/5	10.7	9.0	15.00/0
24	2020/07	7	2098.00	2075.00/16	2102.00/5	15.0	9.0	15.00/0
25	2020/07	8	2084.50	2075.00/16	2102.00/5	9.0	9.0	15.00/0
26	2020/07	9	2084.50	2075.00/16	2102.00/5	12.5	9.0	15.00/0
27	2020/07	10	2089.00	2075.00/16	2102.00/5	9.0	9.0	15.00/0
28	2020/07	11	2098.00	2075.00/16	2102.00/5	9.0	9.0	15.00/0
29	2020/07	12	2085.50	2075.00/16	2102.00/5	6.0	9.0	15.00/0
30	2020/07	13	2087.50	2075.00/16	2102.00/5	0.0	9.0	15.00/0
31	2020/07	14	2072.50	2075.00/16	2102.00/5	0.0	9.0	15.00/0

图 6.1-33　坝体浇筑高程列表

37) 等。列表能够有效地提供图形无法获得的具体信息，并且具有提供数据信息的输出与打印的功能。

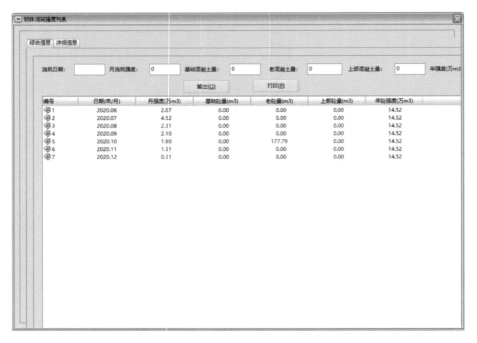

图 6.1-34　坝体浇筑强度列表

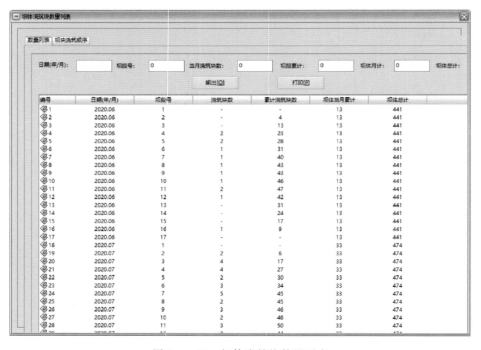

图 6.1-35　坝体浇筑块数量列表

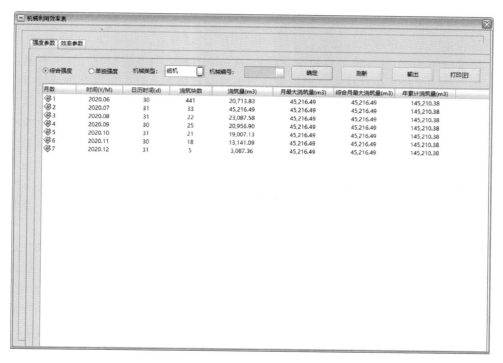

图 6.1-36 机械利用效率表

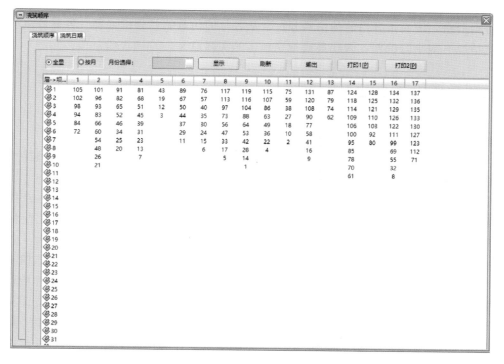

图 6.1-37 浇筑顺序列表

6.1.3 应用评价

杨房沟水电站高拱坝项目建设自 2018 年 10 月 30 日开始，至 2020 年 12 月 17 日浇筑完成，浇筑历时 26 个月，该工程相应完成 26 次仿真月报，具备完整性。该工程紧扣"感知、分析、控制"这一闭环体系开展进度仿真专题分析服务。首先在进度仿真模型构建环节，实时更新历史浇筑数据作为仿真边界条件，此为仿真模型构建的感知阶段。其次以感知阶段得到的历史浇筑数据为仿真边界条件，以大坝实际浇筑情况与对感知阶段缆机数据进行贝叶斯更新后的缆机运行数据为参数进行仿真分析，得到仿真结果。仿真结果包括后续浇筑计划、各月浇筑强度和面貌等，此阶段为分析阶段。最后，通过仿真结果与多方案敏感性评估来分析未来影响浇筑的关键因素，并提出相应的控制建议，该阶段为控制阶段。因此从"感知、分析、控制"三个阶段来看，本标段从感知获取实时数据、及时进行仿真分析和提出相应控制意见三阶段实时开展进度仿真分析工作。

应用从数据的来源及产生、数据分析和仿真结果的准确性三个过程来对准确性进行评价。首先在数据的产生阶段，进度仿真分析的基础数据分别为历史浇筑数据、缆机运行数据、控制参数数据和大坝体型数据。其中大坝体型数据是通过精细化建模并进行剖分得到的，数据十分准确。控制参数数据是根据类似工程对比、现场实际施工情况、未来施工计划确定。历史浇筑数据和缆机运行数据来源于安置在现场传感器设备和现场施工人员录入。其次在数据分析阶段，以历史数据为前提，根据动态调整的控制参数及基本不变的体型数据以一定的仿真逻辑进行仿真计算，得到仿真结果。此过程并不会对任何已有的数据进行修改。最后，各月报均对前一月的仿真成果、拱坝施工质量进行评价，对前一月灌浆情况进行分析，进而指导当前的仿真分析。从各月的仿真偏差分析来看，各月月报均与实际浇筑情况有很小的偏差，因此具有指导施工的实际意义。

6.2 智能拌和楼

6.2.1 系统功能简介

为方便混凝土搅拌楼（站）的生产控制和车辆信息调度管理，杨房沟水电站拌和楼采用了混凝土搅拌楼（站）微机控制系统和搅拌楼车辆识别系统两套系统。

混凝土搅拌楼（站）微机控制系统，是为实现混凝土搅拌楼（站）的自动化生产控制和现代化管理而设计的。该系统采用的技术成熟先进，具有性能稳定可靠、自动化配料精度高、调零、校秤方便快捷、质量管理现代化、操作维护方便等特点，可适用于大、中型水电、城建、海港码头、公路桥梁等工程建设的施工，为用户提供优质的混凝土。该控制系统采用的是进口工业 PC 机。工业 PC 机具有速度快、标准化、模块化、可靠性高等特点，并具有密封的全钢机箱设计，防尘、防振、抗干扰能力强，特别适合恶劣的工业环境。

搅拌楼车辆识别系统通过硬件网络全部连接在一起，数据库的接口在数据库厂商提供数据库接口的基础上进行统一的开发，以满足综合数据查询和远程数据访问、分布式数据存取的需要，以数据服务器为中心，通过系统良好的数据接口，把以混凝土生产为主要功能的各个系统连接在一起，使得各个对等的子系统平滑地对数据进行共享和使用，同时还保证各个系统独立与互不干扰。

搅拌楼车辆识别系统主要包括：车辆识别服务器系统、车辆识别控制系统、网络生产控制系统和其他系统。

1. 车辆识别服务器系统

主要对整个混凝土搅拌楼（站）车辆识别系统中的各种数据安全有效地进行存储、处理、管理、备份，是整个系统高效安全运行的保障和中心。

2. 车辆识别控制系统

车辆识别控制系统以生产调度为中心，有效地对每班要生产的任务进行安排，分派识别卡，并根据生产情况随时进行调整。对调度安排的每班生产任务的拉料车辆进行识别，并根据搅拌楼（站）的生产情况，合理地安排车辆到搅拌楼（站）的生产任务队列，同时指示车辆进入相应的车道，并对调度没有安排的强行进入车道的车辆发出报警信号。调度系统可以监控每个车道的车辆队列和生产情况，并可根据搅拌楼（站）的设备运行状况随时调整和限制每个车道的车辆。

3. 网络生产控制系统

搅拌楼（站）网络生产控制系统根据车辆识别控制系统调度安排每班的生产任务，对每个车辆识别系统识别的车辆按先后顺序进行生产，在生产时在楼（站）下的信息指示屏上显示接料车辆的车牌号、拉料单位、施工部位、混凝土标号等信息。生产系统显示搅拌楼（站）的生产情况和本楼（站）各车道的车辆状况。

4. 其他系统

其他系统主要包括生产部管理系统、实验室配管理系统、地磅管理子系统和经理室监控系统。

（1）生产部管理系统。主要对生产合同和生产任务进行管理和发送，是一个生产任务产生的开始。

（2）实验室配管理系统。实验室根据调度安排的每班生产任务，设计出配合比，供搅拌楼站生产系统使用。

（3）地磅管理子系统。地磅管理主要是对发出的混凝土和生产所需的物料进行过磅统计，打印相应的数据小票，并生成各种过磅的数据。

（4）经理室监控系统。经理室监控系统可对每个搅拌楼站的生产情况和每个车道的车辆状况进行监视，并可随时查询各种生产数据和打印各种报表。

6.2.2　系统布置

混凝土搅拌楼（站）微机控制系统用于混凝土智能化定秤和打料。该技术成熟先进，具有性能稳定可靠、自动化配料精度高、调零、校秤方便快捷、质量管理现代化、操作维护方便等特点。可适用于大、中型水电、城建、海港码头、公路桥梁等工程建设的施工，为用户提供优质的混凝土。

微机控制系统硬件采用的是进口 ADVANTECH 610H 型工业 PC 机，如图 6.2-1 所示。计算机电源有两种选择：Selectable Input 110-120V/200-240V 10/5A 50/60Hz。

微机控制系统用于生产的控制程序都存放在 D 盘下的 ZZLD 文件夹下，zzld.exe 是用于生产的可执行程序，zzld_sckz.mdb 和 zzld_scsj.mdb 是 Microsoft Office Access 或 SQL

图 6.2-1 ADVANTECH 610H 型
工业 PC 机图

2000 标准数据库，存储用于生产的各种控制参数和配比、调度等内容（存储生产数据），严禁修改和删除，否则就会影响生产。此外还要注意 D 盘下的 ZZLD 文件夹不能进行随便重命名和删除。在桌面上建立了用于生产的"搅拌楼（站）生产程序"的快捷方式，双击该图标就可打开生产程序进行生产。

微机控制系统软件是以 Windows 2000 操作系统为平台，以下拉式菜单为操作界面，菜单中的每一项都对应一个特定的功能操作窗口，每个窗口都有左上角的系统功能箱和右上角的缩小、放大、恢复窗口的按钮。利用系统功能箱中的工具和按钮，用户可以方便地用鼠标进行窗口的移动、缩小、放大和关闭等工作，如图 6.2-2 所示。

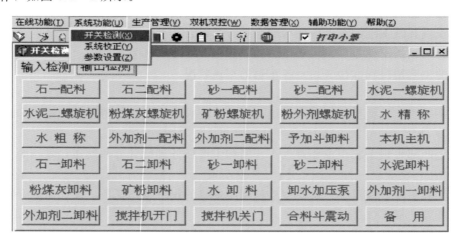

图 6.2-2 微机控制系统软件操作界面图

搅拌楼车辆识别系统可实现自动车辆识别、自动调度管理、自动生产混凝土、自动材料管理和自动数据管理。可以有效地控制生产过程当中的混凝土质量，有效杜绝人为的生产事故发生。

根据水利水电工地混凝土生产的特点和需要，通过分析发现，混凝土生产具有数据量大、实时性强而且数据要求严格准确等特点，整个车辆识别系统采用 C/S（Client/Server）开放模式的结构运行，数据存储于服务器上，并在 Server 端进行数据处理。系统拓扑结构示意图如图 6.2-3 所示。

车辆识别系统的硬件部署情况服务器使用高性能服务器，采用 Windows 2003 Server 操作系统。客户端工作站采用高性能的工业控制计算机。由于水电工地恶劣的环境，因此车辆信息存储介质采用高频微波车辆磁卡识别器。车辆信息读取与管理设备采用车道指示器、红外车辆检测器、语音报警装置。整个车辆识别系统采用局域网、点对点对等网络的

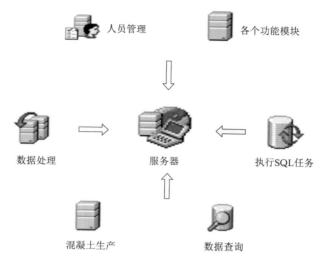

图 6.2-3 系统拓扑结构示意图

组网方式。局域网采用 TCP/IP 最少支持 8 个点的网络设备。整个车辆识别系统都采用 Delphi6.0 的开发环境。车辆识别系统组成图如图 6.2-4 所示。

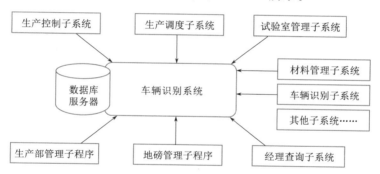

图 6.2-4 车辆识别系统组成图

车辆识别系统的服务器采用 Windows 2003 Server 操作系统，客户端工作站采用 Windows 7 操作系统。车辆识别系统的数据库系统采用 SQL Server 2000（SP4）数据库，Server 端采用 SQL Server 2000 标准版。客户端采用 SQL Server 个人版。

6.2.3 系统应用组织机构介绍

混凝土拌和系统设计依据招标文件中提出的混凝土浇筑强度和对系统设计的要求，作为总体设计指导性方案，使其满足混凝土质量和混凝土浇筑高峰期生产能力的要求，设计成果满足国家（或有关部门、有关行业）的现行标准、规程、规范的有关要求。

杨房沟水电站高线混凝土系统布置在场地狭窄的高山深谷中，设计施工存在一定的难度，系统为郑州力达自动化控制有限公司自行设计、施工及运行的项目。调整方案也通过了总承包单位、中国水利水电第七工程局组织的详细评审，在系统的设计和施工中，郑州力达自动化控制有限公司派遣混凝土系统及制冷系统工程方面的专家及经验丰富、有设计资质的设计和施工人员参与本系统的设计、施工及运行，将杨房沟水电站高线混凝土系统建成设计先进、运行可靠的系统，为杨房沟水电站提供合格的、优质的混凝土，满足工程建设需求。

杨房沟水电站混凝土生产系统由杨房沟总承包部进行全面管理，拌和工区负责具体生产组织和运行管理。在总承包的领导下，拌和工区机构中各级人员部门职责如下。

1. 工区主任

（1）全面负责杨房沟混凝土生产系统组织、运行管理和对外关系协调，负责对工程质量、安全、进度实施控制，协调工区各职能部门的关系。

（2）确保总承包部质量方针目标、质量手册及其他质量文件的贯彻实施。

（3）对质量体系在本工区健全、完善和有效运行全面负责。主持策划职工培训计划，对本工区的产品（施工）质量负第一责任，是施工生产质量第一责任人。

（4）审查工程质量计划，掌握分析工程（产品）质量动态，并提出相应对策。定期主持工区质量管理领导小组会议，保证质量体系正常运作，对出现的质量问题提出整改意见。

（5）根据合同文件及其他规定决定本工区机构设置、人员配备、职责规定。

2. 工区生产副主任

（1）负责领导拌和工区的生产工作，保证分管范围内质量体系的有效运行。

（2）全面组织领导机械设备的管理和维修，以保证经营方针、目标的实现。

（3）与工区总工程师共同领导和组织改善生产设备和技术革新工作、努力推进技术进步，并提出实施方案。

（4）定期组织质量安全大检查，主持召开质量、安全会议对质量安全中的有关事宜做出决定，并督促执行。

（5）负责组织物资采购管理、机电设备管理等方面的工作，确保工程施工的正常进行。

（6）定期向工区主任报告质量安全工作，提出质量安全工作中存在的问题和改进措施。

（7）对不负责任、不服从指挥和不按工艺（工序）操作给质量安全造成严重后果的各级各类生产管理人员，有权停止其工作，并根据情节轻重，做出处理决定。

（8）为了保证产品质量，有权决定施工机械设备的调整和动力的组合。

（9）审定批准分管科室的一般文件、报告、意见和决定。

3. 工区安全总监

（1）负责领导安全方面的工作，对系统运行过程中设备及人员安全负主要责任，组织安全事故的调查、分析、处理。

（2）定期组织安全大检查，主持召开安全会议对安全中的有关事宜做出决定，并督促执行。

（3）定期报告安全工作，提出安全工作中存在的问题和改进措施。

4. 工区总工程师

（1）负责拌和工区的技术领导工作，分管施工过程控制、质量安全检查，对生产过程、质量、安全、检验、试验技术质量问题做出决定，及时采取措施，对工程质量负技术责任。

（2）协助工区主任组织推动质量体系的建立、运行。

（3）审定批准制订的重要质量技术文件，包括质量标准实施细则，操作规程，质量和技术措施，机械设备管理工作的方针、目标、条例，审定有关设备的考核指标。

（4）组织科技攻关，推广应用新技术、新工艺、新材料、新设备，审定设备更新改造计划，组织审定重大更新、改革项目的可行性分析，审定年度设备大修理计划。

（5）主持本单位工程的内、外部验收等工作，检查设备使用、维护、检修情况，督促相关部门采取改进措施，以保持设备的良好状态。

（6）负责本单位工程的施工组织设计、措施及进度计划以及生产中技术操作规程的审核。

（7）组织编写本工区质量计划，掌握分析工程（产品）质量动态，对所存在的质量问题提出相应对策。

（8）负责工程竣工资料的审核。

（9）对重大设备事故提出处理意见。

（10）对不重视质量造成质量问题的人员有权指正，必要时停止其工作，并提出处理意见。

（11）对质量事故有权进行追究和提出处理意见。

（12）有权制止生产过程中的各种违章行为。

5. 工程技术部

全面负责生产运行期间系统运行实施方案的制订、优化和实施，协助工区总工程师负责系统生产运行期间的各种重大技术决策，负责对所有技术方案的实施进行监督和贯彻。

6. 经营管理部

负责有关工程（产品）的计划、统计与工程预、决算，生产运行期间有关工程（产品）的一般商务事件的处理、记录和信息管理，协助工区主任进行决策。

7. 劳资财务部

负责为保障系统生产运行高效、有序、顺畅进行的后勤服务，负责有关工程日常财务事务的处理，劳动人事的管理和劳动成本的控制，协助工区主任进行决策。

8. 设备物资部

负责有关工程的各种建筑材料、设备及零配件的采购，各种施工材料、设备的使用计划、维修保养与管理；协助工区主任进行决策。

9. 质量管理部

全面负责杨房沟拌和系统混凝土生产质量控制及原材料进场质量管理与协调工作。

10. 安全环保部

全面负责杨房沟混凝土生产系统的生产安全、环水保管理工作。

11. 调度室

全面负责杨房沟混凝土生产系统生产组织安排及内外协调工作；负责混凝土生产量、各类原材料消耗量的统计工作。

12. 拌和厂

确保质量方针目标、质量手册、程序文件、作业文件和其他质量文件在本厂队的贯彻实施，努力抓好设备"供、管、用、修"等各个环节，坚决杜绝"只用不修，以修代养"的现象发生。

认真执行质量体系文件、技术标准、规程规范，严格按设计要求和施工技术文件进行生产，确保产品生产质量满足规范及设计要求，保证出厂混凝土合格率达到100%。

13．试验室（总包部）

全面负责杨房沟混凝土生产系统原材料及混凝土的各项试验检测工作，负责各类混凝土配合比设计、复核及现场配料单的计算工作，负责机口混凝土质量控制等工作。

14．生产工人

杨房沟混凝土生产系统运行人员岗位及其职责见表 6.2-1。

表 6.2-1　　　　　　　　杨房沟混凝土生产系统运行人员岗位及其职责

序号	部位	岗位	岗 位 职 责
1	拌和楼	操作工	拌和楼生产操控
2		检修工	检修维护，保证拌和楼可靠生产
3	空压机车间	空压机工	空压机运行维护，保证系统生产供风量
4	胶带机运行	胶带机工	胶带机检修与维护，保证骨料输送
5	配电房	电工	系统电气检修与维护，保证电气系统安全可靠运行

6.2.4　实施过程管理

6.2.4.1　工艺流程说明

拌和系统主要由拌和楼、混凝土骨料储运系统、胶凝材料储运系统、压缩空气系统、外加剂储运系统、制冷系统、供排水及废水处理系统、电气系统等子系统组成，各个系统根据生产进度相互联系、相互配合，最终生产出合格的混凝土。工艺流程如下。

混凝土骨料由上铺子沟砂石加工系统提供，经长距离胶带机输送并经电子皮带秤衡量后输送到系统的骨料罐。骨料罐分别设置砂仓、中石仓、小石仓、大石仓、特大石仓。系统生产时，细骨料由胶带机直接运输至拌和楼储存和使用；粗骨料经过料罐下部的胶带机运输至二次筛分车间进行分级冲洗，分级冲洗后的骨料由胶带机运输至地面一次风冷骨料仓，在其中经过一段时间的冷风降温之后由胶带机运输至拌和楼顶部的骨料仓分别堆存使用，同时拌和楼上的冷风机对粗骨料再次风冷保温。地面一次风冷料仓及拌和楼上二次风冷由制冷系统提供冷源，制冷系统为拌和楼提供 3~5℃ 的拌和冷水。

外加剂储运系统主要由外加剂车间及相应管路构成，可同时配置储存和输送 2 种外加剂至拌和楼供混凝土生产使用。

胶凝材料储运系统由 4 个 1500t 水泥罐、2 个 1000t 粉煤灰罐及相关风、灰管路构成，负责胶凝材料的卸车、储存和输送上楼使用。使用的高压空气由压缩空气系统提供。

6.2.4.2　各类设备使用方法

1．微机控制系统

微机控制系统采用的工业控制计算机为 ADVANTECH 610H 型工业 PC 机，系统的启动如图 6.2-5 所示。计算机电源有两种选择：Selectable Input 110-120V/200-240V 10/5A 50/60Hz，首先确认红色电源选择开关是否指示为 230；电源开关通常在机箱尾部，按下 1 则通，按 0 则断。控制电源接通后，首先观察操作台前面板各电压指示仪表是否正常，如果指示不正常，请电气维护人员做相应处理；然后观察微机前面板 5Vsb 指示灯是否亮，如果该指示灯不亮，则检查电源线是否连接好，机箱尾部电源开关是否在"1"位置，如果二者没有问题，则有可能是计算机电源出现故障，此时需专业维护人员进行处理。5Vsb 指示灯亮，微机具备启动条件，用钥匙打开机箱前面板，按下黑色方形按钮（Power）启动计算机。

微机控制系统客户端工作站采用 Windows 7。页面由在线功能、系统功能、生产管理、双击双控、数据管理、辅助功能、帮助一共 7 个模块组成。点击相应的功能模块即可完成拌和楼系统调零、系统校秤、参数设定、生产调度表生成和生产控制。

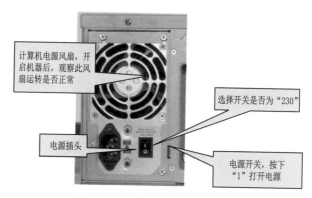

图 6.2-5　微机控制系统的启动

为保证系统生产时的动态控制精度，在控制程序主窗口中打开的子窗口越少越好。建议在生产过程中及时关闭暂时不用的子窗口，只保留必需的功能窗口，以保证控制程序运行的更快、更可靠。

（1）在线功能。在线功能主要提供关闭系统主窗口和口令管理等功能，如图 6.2-6 所示。移动鼠标至"在线功能"，点按鼠标左键，再点按"退出"，即可退出系统主控制程序；操作口令窗口是进入系统前必要的口令验证窗口，若不正确将无法进行正常的操作；在口令管理窗中操作员可修改姓名和密码，管理员则可进行操作员的增加、删除、设置密码和更改密码等工作；口令注销是退出当前登录系统的身份，可用其他身份再次登录或暂时锁定系统，防止非操作人员进行操作。

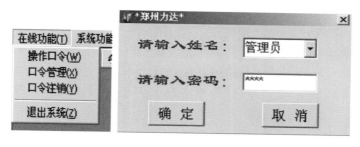

图 6.2-6　在线功能示意图

（2）开关量输入与输出检测。在主窗口中移动鼠标至"系统检测"，按鼠标左键，进入下拉子菜单，在下拉菜单中移动多用户多密码多权限鼠标至"输入检测"按下鼠标左键，进入"输入检测"窗口，此时，屏幕上反映了系统的各个开关输入量的通断情况，如图 6.2-7 所示。通过观察各个开关输入量前面对应的小方格和字体颜色可以很直观地了解各个开关输入量对应的限位开关的通断情况。

在主窗口中移动鼠标至"输出检测"，按鼠标左键，进入下拉菜单，在下拉菜单中移动鼠标至"输出检测"按下鼠标左键，进入"输出检测"子窗口，屏幕上列出了系统的各个开出量。检查方法：首先打开"允许称量"和"允许卸料"开关，把需要检测项控制开关置于"自动"位置，然后移动鼠标光标到所要检查的开出量按钮上，按下鼠标左键（按钮上的字体随之变为红色），该开出量对应的电磁阀或电动机动作，若无动作则可能为连接线路或执行机构中的某些部分有故障，应请维修人员进行检修。通过移动鼠标可以对上述各个开关量分别进行检测。松开鼠标左键，可对相应的开关量进行复位（按钮上的字体随之又变为蓝色）。

　　值得注意的是检查开关量输出通道前应先打开空压机，并使空气压力达到额定压力（0.6MPa）。

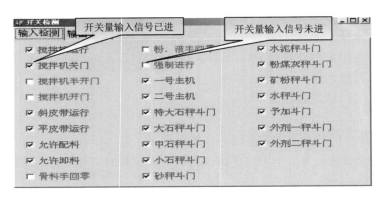

图 6.2 - 7　开关量输入与输出检测示意图

　　（3）系统调零。在主窗口中移动鼠标光标至"系统校正"，按鼠标左键，进入"系统调零"项，观察当前的"皮重"值与相应的"检测"值是否一致，在确保秤斗为空的前提下，移动鼠标光标到需要调零（即"皮重"值与"检测"值不一致）的秤对应的调零按钮上，按鼠标左键，即可完成该秤的调零工作（即"皮重"值与"检测"值相同），然后关闭"调零"窗口。系统调零如图 6.2 - 8 所示。

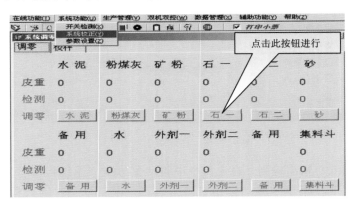

图 6.2 - 8　系统调零示意图

　　（4）系统校秤。在主窗口中移动鼠标光标至"系统校正"，按鼠标左键，进入下拉子菜单再点按"系统校秤"项，此时屏幕上出现系统校秤的窗口，如图 6.2 - 9 所示。在需要校正的秤上放上一定重量的砝码（此砝码值最好大于秤面额定值的一半），如果显示重量与所加砝码重量不符，按鼠标左键确定光标位置，再用键盘输入所压砝码重量值，移动鼠标光标到该秤对应的校秤按钮上点击，显示值随之改变并与实际值相符，然后将该秤上的砝码逐步减去，检查显示值与实际砝码值是否一致，直到点击此按钮进行调零所有砝码卸完，显示值变为“0”，至此，该秤的校秤工作完成。

值得注意的是在未调零和未压砝码之前严禁进行校秤工作，否则会导致整个系统的数据混乱，致使系统无法正常工作。

在此栏中输入所加砝码的质量
如检测值与砝码值不符，按鼠标左键点击此按钮对该秤进行校正
在线功能(T)
生产管理(V)
辅助功能(Y)
帮助(Z)
打印小票
调零
水泥 粉煤灰 石一 石二 砂
分秤数 1200 666 2222 2455 2500
检测值 0 0 0 0 0 0
砝码值
标定键 水泥 粉煤灰 矿粉 石一 石二 砂
备用 水 外剂一 外剂二 备用 集料斗
分秤数 1200 800 88 60 1200
检测值 0 0 0 0 0
砝码值
标定键 备用 水 外剂一 外剂二 备用 集料斗

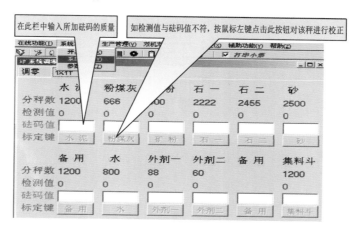

图 6.2－9　系统校秤示意图

(5) 参数设定。系统参数的设定直接关系到配料精度和混凝土质量以及生产效率。

在主窗口中移动鼠标光标至“参数设置”，按鼠标左键，进入“基本参数”“控制参数”“其他参数”“搅拌机功率”和“车控误差”等菜单项，如图 6.2－10 所示。

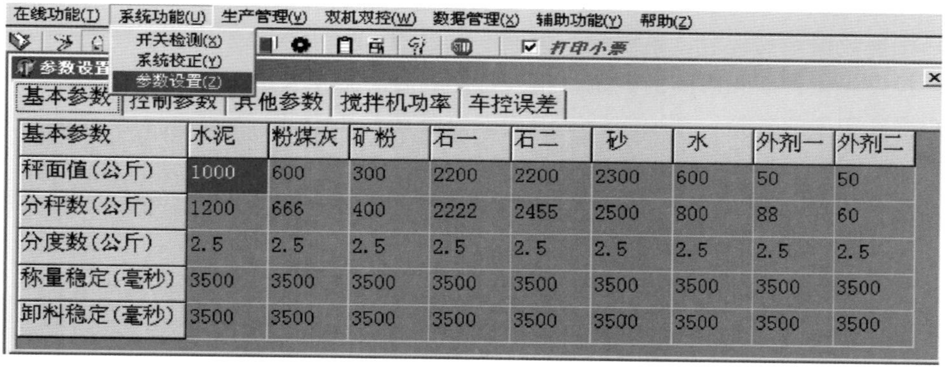

在线功能(T) 系统功能(U) 生产管理(V) 双机双控(W) 数据管理(X) 辅助功能(Y) 帮助(Z)
开关检测(X)
系统校正(Y)
参数设置(Z)
打印小票
参数设置
基本参数 控制参数 其他参数 搅拌机功率 车控误差
基本参数 水泥 粉煤灰 矿粉 石一 石二 砂 水 外剂一 外剂二
秤面值(公斤) 1000 600 300 2200 2200 2300 600 50 50
分秤数(公斤) 1200 666 400 2222 2455 2500 800 88 60
分度数(公斤) 2.5 2.5 2.5 2.5 2.5 2.5 2.5 2.5 2.5
称量稳定(毫秒) 3500 3500 3500 3500 3500 3500 3500 3500 3500
卸料稳定(毫秒) 3500 3500 3500 3500 3500 3500 3500 3500 3500

图 6.2－10　参数设定示意图

(6) 配比表。在“配比调度”窗口中移动鼠标光标至“配比设定表”，按鼠标左键，屏幕上出现配比表窗口。配比表中包含了生产所需的各种物料配比的设定值、混凝土标号、理论坍落度及对应的配比编号等内容，操作员应按照实验室提供的每方配料的标准料单进行输入。输入时先用鼠标确定光标位置，再输入相应的数值。为了防止输入配比时误操作，对输入范围作了一定限制，如果输入后此项内容变为“0”，要细心检查一下所输入的内容是否正确。

(7) 生产调度表生成。配比表设定完成后，点击“调度表”，进行相关内容的输入，如图 6.2－11 所示。“调度表”中包含了用户名称、工程名称、施工部位、盘方量、车方

量、总产量及配比表中的配比序号等内容，用户在每次生产前应先根据需要设定好生产调度表，并在相应的调度内容上单击（双击）鼠标左键（右键）选择生产配比，"选中"后相应内容的字体颜色随之发生改变。在调度表中用鼠标点击相应的调度号内容，对应配比号的具体配比会再次显示在调度表的下端，可方便地核对所输入的配比是否正确。

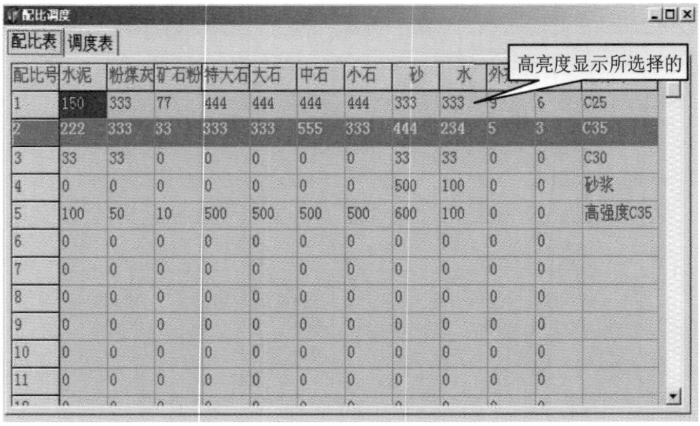

图 6.2-11　生产调度表示意图

（8）生产控制。配比调度设定完成后，可点击"开始生产"进入生产主画面。在进入生产主画面之前，首先把"允许称量"和"允许卸料"开关置于断开位置，防止误操作。

（9）生产数据的查询及管理。在主窗口中移动鼠标光标至"数据管理"，按鼠标左键，进入其下拉子菜单，点按"统计报表"，选择设置下述各项。

1）报表数据源的设置（系统默认为 PRODUCT 或 OLDDATA）。

2）报表起止日期和时间的设置（结束日期和时间必须大于开始日期和时间）。

3）报表类型的选择：单项统计明细表、分类统计汇总表、每盘配料明细表、合计配料误差表等。

4）报表关联字段"用户名称""工程名称""工程部位""配比编号"和"混凝土标号"。

上述 4 项设置后，点按打印按钮或预览按钮分别进行报表的打印或显示。

（10）数据转存。当生产进行了一段时间后，生产数据会越来越大，大到一定程度将会影响正常生产，此时就要进行数据转存工作了。数据转存很简单，只需输入相应的时间段，点击"开始转存"按钮，系统就会自动完成转存工作。转存完成后，系统自动清空 PRODUCT 中的生产数据，转存后的数据存放在"OLDDATA"文件中，如图 6.2-12 所示。

（11）数据的导出与导入。转存后的数据存放在"OLDDATA"文件中，"OLDDATA"文件会变得越来越大，影响以后的查询速度，所以要及时进行数据的导出工作。导出步骤为导出"OLDDATA"文件中的数据到 D 盘下的"ZZLD"文件夹下，导出的数据文件是以字母 Z 加以当时的年月日命名的文本文件，按"开始导出数据"按钮，根据进度条的变化完成导出工作。导出完成后可以看到 D 盘下的"ZZLD"文件夹下有以字母 Z 加当时的年月日命名的文本文件，如果存在，说明操作成功，可以按"删除 OLDDATA

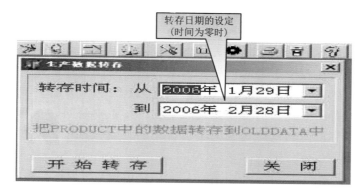

图 6.2-12　数据转存示意图

中的数据"按钮，清除"OLDDATA"文件中的数据，以备下次数据的导入导出工作。导入数据的目的在于查询原来的生产数据，根据需要选择所需查询时间段的数据文件。导入工作完成后，选择报表数据源"OLDDATA"进行查询或打印工作。同样查询或打印工作完成后，也要及时清空"OLDDATA"中的数据，以备下次数据的导出导入工作。数据导入导出如图 6.2-13 所示

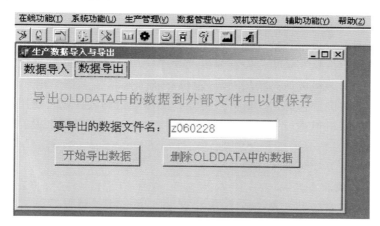

图 6.2-13　数据导入导出示意图

2. 搅拌楼车辆识别系统

搅拌楼车辆识别系统主要包括：车辆识别服务器系统、车辆识别控制系统、网络生产控制系统和其他系统。点击相应模块可以进行混凝土车辆自动调度、分配、管理的功能。系统以生产调度为中心，有效地对每班要生产任务进行安排，分派识别卡（车辆），并根据生产情况随时进行调整，对调度安排的每班生产任务的拉料车辆进行识别，并根据搅拌楼（站）的生产情况，合理地安排车辆到搅拌楼（站）的生产任务队列，同时指示车辆进入相应的车道。对没有调度安排、强行进入车道的车辆发出报警信号。调度系统可以监控每个车道的车辆队列和生产情况，并可根据搅拌楼（站）的设备运行状况随时调整和限制每个车道的车辆。

（1）车辆识别装置。拉料车辆到达搅拌站，司机根据识别指示灯的情况，进入车辆

识别区域，进行车辆自动识别，车辆自动识别调度微机根据两个搅拌站等料车辆队列情况合理选择进口车辆要进入的队列，发出命令打开进入相应车道的指示信号，同时关闭识别指示灯，防止下一辆车误进入识别系统。在分道岔口用车道指示器指示车辆要进入的车道，安装在各个车道的红外车辆感应器将车辆经过的信号传送到生产调度数据管理微机，车辆自动识别调度微机等车辆过去后发出命令打开识别区域的交通指示灯，指示可以进行下一辆车的自动识别和生产。在识别的同时车辆自动识别调度微机将分配后的车辆生产队列及时送到两个搅拌站的控制微机中，使搅拌站可以提前生产，提高生产效率。

（2）网络生产控制系统。搅拌楼（站）网络生产控制系统根据车辆识别控制系统调度安排的每班生产任务，对每个车辆识别系统识别的车辆按先后顺序进行生产，生产时在楼（站）下的信息指示屏上显示接料车辆的车牌号、拉料单位、施工部位、混凝土标号等信息。生产系统显示搅拌楼站的生产情况和本楼（站）各车道的车辆状况。

6.3　智能振捣

6.3.1　系统功能简介

传统混凝土振捣施工往往依靠人工监视的方式。为实现精细化质量管理和控制、适应机械化快速施工需求，采用高精度定位技术、无线网络技术、GIS 技术和数据库技术，研发了集成多源传感器信息"采集-集成-分析-反馈"于一体的振捣施工过程实时监控系统。通过在振捣台车上安装集成的高精度 GPS 定位设备、倾角传感器、电子罗盘、振动开关状态传感器、超声波测距传感器、红外线测距传感器等监测设备以及使用自主通信传输网络，对坝面振捣施工机械进行实时自动监控，从而监控对大坝混凝土振捣质量有影响的相关参数。

智能振捣系统主要实现如下功能。

1. 振捣台车作业状态监测

振捣台车上安装有防振型高精度 GPS 定位设备、倾角传感器、电子罗盘、振动开关状态传感器、超声波测距传感器、红外线测距传感器，实时采集振捣台车动态坐标、振捣棒插入深度、振捣时间等指标、作为计算振捣状态参数计算的依据。

2. 振捣台车监测数据传输

振捣台车上安装有防振型数据传输装置，可以将振捣车作业状态的监测信息传输至远程数据库，作为后续振捣状态参数计算分析的源数据。定位数据由定位装置交由数传装置，振捣数据由振动传感器、测距传感器等交由数传装置，数传装置将两路数据进行时钟同步后合并，在进行加密后统一输出，传输至数据库服务器后由应用程序进行解析，存入数据库后由权限控制不得修改。数据无线传输过程中均为加密状态，确保了数据传输安全。

3. 振捣过程可视化监控

在分控站配置监控终端，分别通过有线或无线通信网络，读取作业状态数据，进行进一步的实时计算和分析，包括坝面振捣质量参数的实时计算和分析，并可以在以大坝施工高程截面为底图的可视化界面上进行展示。

4. 反馈控制

根据预先设定的控制标准，服务器端的应用程序可实时分析判断振捣时间、插入深度等是否达标，并可以通过图像可视化显示现场实时振捣状况，如若出现偏差，系统向不同权限的施工管理人员发出相应提醒，第一时间进行现场处理。

6.3.2 系统布置

智能振捣系统由总控中心、网络系统、现场分控站、差分基准站和振捣台车流动站等部分组成，该系统总体结构如图 6.3-1 所示。

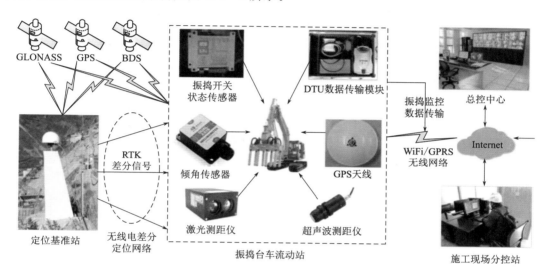

图 6.3-1 智能振捣系统总体结构图

振捣施工过程实时监控系统硬件由差分基准站、流动站、监控中心等组成。

1. 差分基准站

GPS 差分基准站是整个监控系统的"位置标准"。为了提高 GPS 接收机的计算精度，使用 GPS RTK（动态差分）技术，利用已知的基准点坐标来修正实时获得的测量结果。通过数据链，将基准站的 GPS 观测数据和已知位置信息实时发送给 GPS 流动站，与流动站的 GPS 观测数据一起进行载波相位差分数据处理，从而计算出流动站的空间位置信息。处理后的水平与垂直定位均具备较好的精度，满足大坝质量控制的要求。

差分基准站系统包括了卫星定位接收机、卫星天线、无线电台和差分信号无线发送天线等，如图 6.3-2 所示。

2. 振捣台车碾压过程自动监测装置

振捣台车振捣过程自动监测装置包括有：高精度 GPS 接收机、倾角传感器、电子罗盘、振动开关状态传感器、超声波测距传感器、红外线测距传感器及自主通信模块。振捣硬件设备安装图如图 6.3-3 所示。

高精度卫星定位接收机能够实时接收北斗、GPS、GLONASS 卫星和基准站发送的信号。通过卫星天线，按一定的时间间隔（如每 1s），接收到卫星所发射的无线电信号，接

图 6.3 - 2　差分基准站及相关设备

收机内部的频率转换单元通过频率过滤和转换，把有效无线电信号交给解扩频模块；解扩频模块通过解调获得加载在无线电载波上的卫星信息；差分无线电天线接收基准站无线电台发送过来的差分信息，中央处理器对自身解算的卫星定位信息以及基准站的差分信息进行整周模糊度的差分计算，获得碾压机械所在位置的定位坐标；同时通过接收机的外接 I/O 接口，将位置坐标信息和定位时间及振捣台车标识传送至自主通信模块，如图 6.3 - 3 所示。

自主通信模块将数据处理模块发送过来的当前采样时间及其对应的振捣台车位置坐标、振动状态、振动时间、振捣棒插入深度、碾压机标识，以及当前采样时刻的基频和 CV 等数据放入 FLASH 存储器中，再通过缓存，把数据以"栈"的方式发送给 CPU（Central Processing Unit，中央处理器）。其中，RAM 存储器用来临时存储数据。CPU 把数据包交给无线通信模块，然后无线通信模块根据定制协议，按一定的时间间隔（如每 1s），将当前采样时间及其对应的振捣台车监控数据通过选定的无线通信网络发送到远程数据库服务器。

3. 总控中心设计

总控中心是大坝混凝土振捣过程监控系统的核心组成部分，其主要包括服务器系统、数据库系统、通信系统、安全备份系统以及现场监控应用系统等。总控中心可建设在业主营地，配置了多台高性能服务器和图形工作站、高速无线内部网络、大功率 UPS、投影监控屏幕等，以实现对系统数据的有效管理和分析应用。机房服务器如图 6.3 - 4 所示。

图 6.3-3 振捣硬件设备安装图

图 6.3-4 机房服务器

4. 现场分控站设计

现场分控站可建设在对施工干扰小且又邻近施工坝面的安全区域，并可根据大坝建设进展适时调整分控站位置。通过 24h 常驻监理（三班倒），便于监理人员在施工现场实时监控振捣质量，一旦出现质量偏差，可以在现场及时进行纠偏工作。分控站主要由无线通信网络设备、图形工作站监控终端和双向对讲机等组成。建议施工单位也派出相应人员进驻分控站，应用监控系统指导自身施工。手机报警短信如图 6.3-5 所示。

5. 坝区无线通信组网方案

为将获取的监测数据传送到总控中心和现场监理分控站，以做后续的数据应用分析，需建设系统通信网络。根据实际情况，可采用无线电通信自主数据传输网络或 WiFi 的技术方案，包括监控中心（总控中心和现场监理分控站）无线通信设施、高精度 GPS 基准站无线电差分网络和振捣台车车载无线传输网络 3 个组成部分。

6.3.3 系统应用组织机构

根据杨房沟水电站的特点，运维支持团队将分设 3 个小组：领导小组、应用支持小组和技术支持小组。

（1）领导小组由项目负责人、项

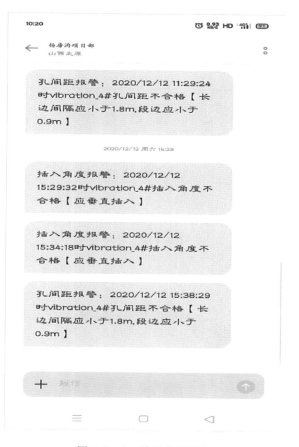

图 6.3-5 手机报警短信

目经理和项目副经理组成，主要负责运维团队资源的管理、用户重大问题的决策与升级。

（2）应用支持小组由参与项目实施的技术咨询专家组成，主要负责提供一体化试点项目的功能应用及业务流程上的技术支持。

（3）技术支持小组的职责范围主要为提供系统软硬件、服务器、数据库及开发等技术服务。技术支持小组由熟悉技术开发和系统管理的主要技术人员组成，并以参与项目实施、熟悉业务流程和解决方案的项目经理为组长，指导系统开发问题的解决。

与此同时，为保证智能振捣监控系统正常运行，依据合同等相关文件，约定了总承包单位各部门相应职责，其中设计管理部负责智能振捣监控系统的规划设计，协调天津大学进行系统的运行维护、故障排除等日常管理；施工管理部协调建设智能振捣监控系统GPS基准站、流动站、监控中心等，并负责智能振捣系统硬件设备（振捣台车GPS等传感器）的日常维护。

6.3.4 实施工艺

智能振捣监控系统操作主要由大坝工区完成，报警意见闭合由监理单位完成；经监理单位同意后，大坝工区方可进行开仓、关仓；开仓前需要具备的资料包括仓面高程、仓面坐标（大坝坐标）、仓面振捣标准、振捣机编号等；建立完善的管理体制，积极配合振捣施工实时监控系统的实施。振捣监控客户端总界面与软件操作流程分别如图 6.3-6 和图 6.3-7 所示。

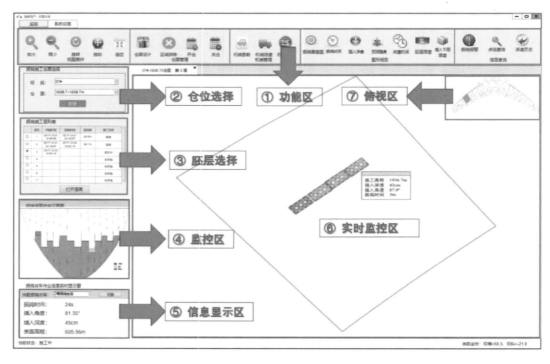

图 6.3-6 振捣监控客户端总界面

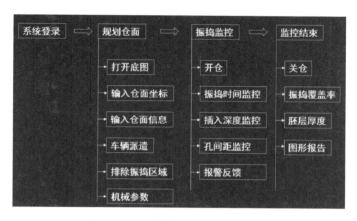

图 6.3－7　振捣监控软件操作流程

6.3.5　实施过程管理

实施过程管理包括实时计算和监控碾压质量参数。

（1）采用高精度快速图形算法实时分析计算每一振捣监控仓面的振捣位置、振捣时间、插入深度等振捣过程参数。

（2）在每仓施工结束后，以不同颜色值生成图形报告，作为仓面质量验收的支撑材料。具体如图 6.3－8 和图 6.3－9 所示。

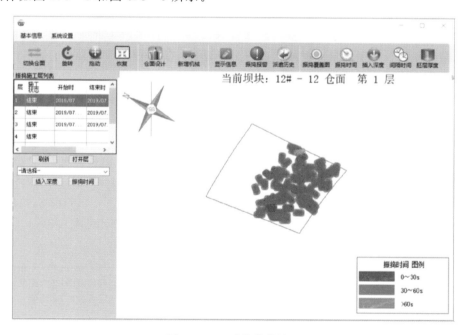

图 6.3－8　系统软件界面

6.3.6　实施效果评价

集成了多源传感器信息"采集-集成-分析-反馈"于一体的振捣施工过程实时监控分

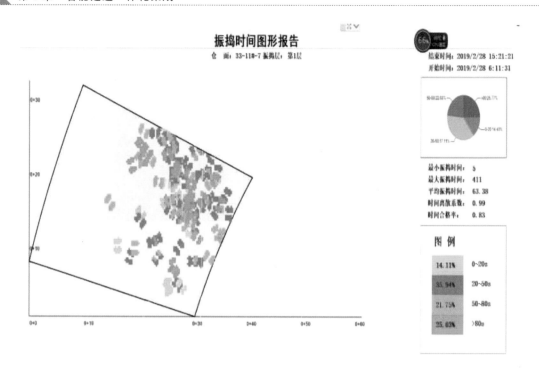

图 6.3-9 振捣时间图形报告

析系统,以三星高精度定位系统为基础,融合 RTK 差分技术,实现振捣作业过程的高精度定位;融合测距、角度测量、振捣作业传感等设备,实现振捣作业参数的智能感知;研发以自主通信为核心的振捣作业过程信息传输网络,实现振捣作业过程的高频、高效率传输;研发多源传感智能融合技术,实现振捣过程智能分析,并结合数据库技术、云计算技术等,研发振捣作业过程智能监控系统,实现振捣过程的可视化监控与智能反馈,提高质量管理水平。

以 2019 年 12 月 1—31 日期间系统运行情况为例,振捣监控及信息集成子系统总计对仓面 5#-7、5#-8、6#-15、6#-16、7#-23、8#-28、9#-29、10#-32、11#-33、11#-34、12#-22、12#-23、12#-24、13#-16、13#-17、14#-7、14#-8、14#-9 等 18 仓混凝土振捣过程进行了实时监控,各仓振捣时间和插入深度统计见表 6.3-1。

表 6.3-1　　　　　　　　各仓振捣参数统计表

仓面	单元高程 /m	开始时间	结束时间	振捣时间 均值 /s	振捣时间 方差 /s	插入深度 均值 /cm	插入深度 方差 /cm
13#-16	2029.50～2032.50	2019 年 12 月 2 日 5 时 28 分	2019 年 12 月 3 日 17 时 10 分	43.79	17.27	45.51	13.87
14#-7	2017.60～2020.80	2019 年 12 月 3 日 22 时 23 分	2019 年 12 月 5 日 10 时 43 分	36.03	16.47	42.40	11.69

续表

仓面	单元高程 /m	开始时间	结束时间	振捣时间均值 /s	振捣时间方差 /s	插入深度均值 /cm	插入深度方差 /cm
12#-22	2024.50～2027.50	2019年12月6日 22时17分	2019年12月8日 2时55分	35.34	13.20	42.86	14.32
5#-7	2014.50～2018.00	2019年12月7日 3时40分	2019年12月8日 18时15分	33.35	13.60	44.19	15.88
10#-32	2033.20～2036.20	2019年12月9日 3时42分	2019年12月10日 16时14分	34.12	14.24	43.98	14.18
13#-17	2032.50～2035.50	2019年12月10日 16时13分	2019年12月11日 17时5分	37.13	14.42	41.43	15.58
6#-15	2023.00～2026.00	2019年12月11日 18时56分	2019年12月12日 21时57分	36.28	12.63	43.58	13.86
11#-33	2040.00～2043.00	2019年12月12日 6时34分	2019年12月13日 6时15分	40.08	15.60	47.99	12.62
9#-29	2027.20～2030.20	2019年12月14日 16时21分	2019年12月17日 1时50分	30.09	12.37	47.66	14.35
14#-8	2020.80～2024.00	2019年12月16日 20时6分	2019年12月18日 20时53分	29.31	11.85	38.60	11.56
7#-23	2032.50～2035.50	2019年12月17日 4时28分	2019年12月18日 6时10分	36.35	14.04	45.80	13.77
12#-23	2027.50～2030.50	2019年12月18日 6时26分	2019年12月19日 22时20分	38.08	15.95	48.64	12.96
5#-8	2018.00～2021.00	2019年12月18日 21时3分	2019年12月20日 4时15分	30.16	12.19	43.93	16.23
11#-34	2043.00～2044.50	2019年12月19日 22时29分	2019年12月20日 15时4分	37.28	17.50	59.66	12.21
6#-16	2026.00～2027.50	2019年12月20日 6时6分	2019年12月20日 23时10分	35.39	9.49	45.37	16.73
8#-28	2024.50～2027.20	2019年12月21日 6时4分	2019年12月22日 21时55分	33.00	12.33	48.04	26.52
14#-9	2024.00～2027.00	2019年12月26日 22时42分	2019年12月28日 2时40分	41.20	16.75	49.09	12.00
12#-24	2030.50～2033.50	2019年12月29日 16时48分	2019年12月30日 23时40分	36.99	17.10	42.35	13.73

根据各仓振捣施工统计均值统计情况来看，单次振捣时间均值基本处于区间 [30s, 40s] 之间，插入深度均值基本处于 [50cm, 60cm] 之间，基本上处于受控范围。可以看出，振捣时间离散性比插入深度大，其原因在于不同级配混凝土、不同胚层厚度、不同施工气候（气温等影响）等对振捣时间均有影响。施工单元平均振捣时间以及平均插入深度曲线如图 6.3-10 和图 6.3-11 所示。

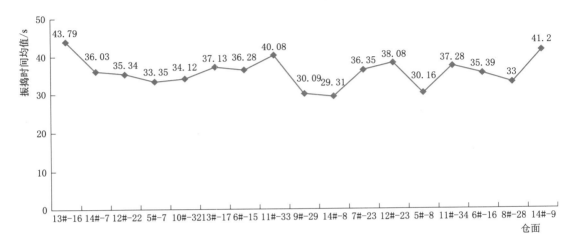

图 6.3-10　施工单元平均振捣时间曲线图

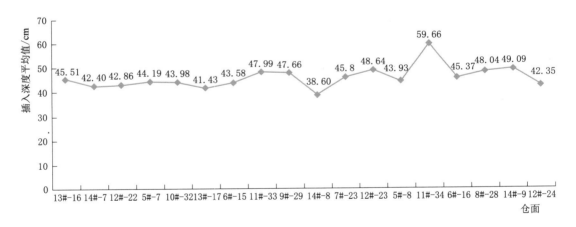

图 6.3-11　施工单元平均插入深度曲线图

以上述统计施工单元 12#-23 仓面第 6 层为例，系统监控如图 6.3-12 和图 6.3-13 所示。图 6.3-12 中，棕色点表示振捣插入深度较浅，粉色点表示振捣插入深度合格，青色点表示振捣插入深度过深；图 6.3-13 中，红色点表示振捣时间过长，绿色点表示振捣合格，蓝色点表示振捣时间过短。以该仓面施工监控其中一辆车为例，对单次插入深度和振捣时间统计如图 6.3-14 和图 6.3-15 所示。图 6.3-15 中存在单次振捣时间较大的情况，说明存在以振代平的现象，后期在施工过程中需要避免该施工现象。

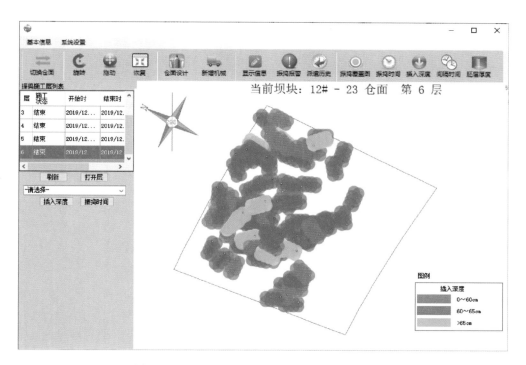

图 6.3-12 12#-23 仓面第 6 层插入深度监控图

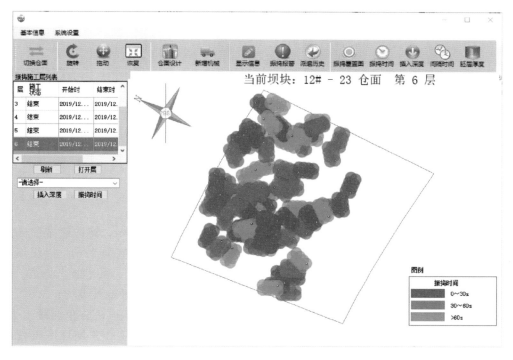

图 6.3-13 12#-23 仓面第 6 层振捣时间监控图

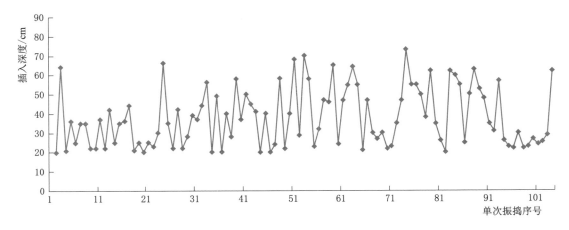

图 6.3-14　12#-23 仓面第 6 层单次振捣插入深度曲线图

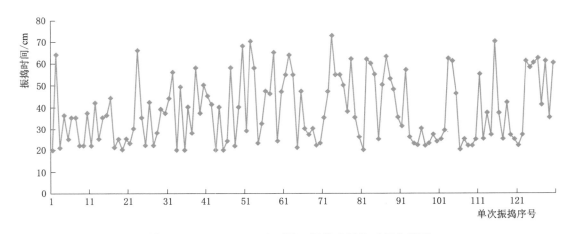

图 6.3-15　12#-23 仓面第 6 层单次振捣时间曲线图

6.4　智能温控

6.4.1　智能温控研究背景

　　杨房沟水电站拦河坝为混凝土双曲拱坝，坝顶高程为 2102.00m，河床建基面高程为 1947.00m，坝高为 155m。拱冠梁坝顶厚度为 9m，拱冠梁坝底厚度为 32m。拱坝坝顶中心线弧长为 362.17m，分 16 条横缝，共 17 个坝段。大坝不设纵缝，采用通仓浇筑。杨房沟气象站多年平均气温为 16.5℃，极端最高气温为 40.6℃，极端最低气温为 -3.6℃。坝址区干湿季分明、日照强，冬季干燥、风速大，需要加强混凝土养护，防止混凝土干裂；夏季气温高、多雨，需要做好混凝土雨季浇筑的仓面降温及防水工作。坝址区昼夜温差大、温度骤降幅度大，需重视做好混凝土表面保温、保湿等养护工作。

　　防裂是混凝土坝建设的重要任务，也是世界难题。如何对大体积混凝土结构进行有效的智能温控一直是水工设计和施工中关心的核心问题。大坝混凝土温控防裂贯穿大坝建设的各个阶段，设计阶段通过对混凝土原材料优选、温控标准、温控措施等温控关键问题开展系统分析，提出满足工程温控防裂需要的原材料选择要求和温控标准与措施及相应施工技术要求，指导工程现场施工。进入施工阶段后，由于混凝土温度控制是涉及气象、水文、材料、施工、结构等跨专业的复杂问题，尽管在设计阶段已经进行了较多的研究工作，但是设计条件与实际条件仍然会存在较大差异，这些差异在特定条件下可能产生混凝土开裂的风险，在施工出现问题时，由于问题的复杂性，一般也难以及时准确地针对温控施工中出现的问题进行快速有效响应，这就需要充分利用智能温控技术以及其他系统现场实测的各种施工浇筑数据、温控数据及大坝安全监测数据，通过跟踪反演坝基和坝体混凝土本身的热力学参数及边界条件，使得计算所用的各种参数和边界条件均尽可能地与实际相符，然后利用新的反演参数及边界条件，结合工程实际需要，分阶段对大坝整体温度场及温度应力进行仿真分析预测，对细部结构或者重点关注部位进行精细化的仿真分析，以动态跟踪大坝混凝土内部温度和应力在空间和时间上的分布变化规律，对可能出现的问题提出及时有效的处理措施。

智能监控系统的构成同人工智能类似，包括"感知""互联""分析决策"和"控制"四个部分。"感知"主要是对各关键要素的采集（自动采集和人工采集）。"互联"是通过信息化的手段实现多层次网络的通信，实现远程、异构的各种终端设备和软硬件资源的密切关联、互通和共享。"分析决策"是整个系统的核心，通过学习、记忆、分析、判断、反演、预测，最终形成决策。"控制"包括人工干预和智能控制，其中人工干预主要是在智能分析、判断、决策的基础上形成预警、报警及反馈多种方案和措施的指令，根据指令进行人为干预；智能控制主要是自动化、智能化的温度、湿度、风速等小环境指标控制、混凝土养护和通水冷却调控。"感知""互联"和"控制"相辅相成、相互依存，以"分析决策"为核心桥梁形成智能监控的统一整体。

"智能监控"系统包含了两个层次，即"监"和"控"。"监"是通过感知、互联功能对影响温度控裂、防裂的施工各环节信息进行全面的检测、监测和把握；"控"则是对过程中影响温度的因素进行智能控制或人工干预。在混凝土施工的各个环节，包括拌和楼、浇筑仓面、通水冷却仓、混凝土表面等部位布置传感器，在坝区根据需要设置分控站，用以搜集管理信息并发出控制指令，对各环节中可能自动控制的量进行智能控制，各分控站通过无线传输的方式实现与总控室的信息交换，构成完整的监控系统。

6.4.2　智能温控研究目标

工程智能温控系统综合考虑拱坝特点，以大体积混凝土防裂为根本目的，运用自动化监测技术、GPS技术、无线传输技术、网络与数据库技术、信息挖掘技术、数值仿真技术、自动控制技术，实现施工和温控信息实时采集、温控信息实时传输、温控信息自动管理、温控信息自动评价、温度应力自动分析、开裂风险实时预警、温控防裂反馈实时控制等温控施工动态智能监测、分析与控制的系统，能够实现大坝混凝土从原材料、生产、运输、浇筑、温度监测、冷却通水到封拱的全过程智能控制。

6.4.3　智能温控总体技术路线

图 6.4-1 展示了智能温控系统总体技术路线，如下所述。

（1）子模块的建设：包括坝区网络环境与硬件环境建设、各软件子模块建设、各软件子模块配套硬件系统建设、管理平台子系统建设。

（2）各个子模块以及同硬件系统的集成，最终形成统一的大坝混凝土智能温控模块管理平台。

（3）后期服务：包括系统试用及培训、系统改善与改进、施工质量控制跟踪服务、温控反馈仿真分析跟踪服务等。

（4）基于智能温控模块辅助的大坝温控防裂参数反馈及实时动态跟踪反馈仿真分析技术服务。

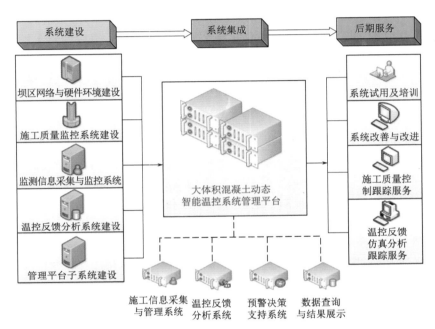

图 6.4-1　智能温控系统总体技术路线

6.4.4　智能温控系统构成

大体积混凝土智能通水温控系统主要由多种数字温度传感器、水管流量测控装置、智能测控及配电箱、自动四通换向球阀、智能压力传感器、混凝土出机口及入仓浇筑温度测试记录仪、骨料温度测试记录仪、动态温控专用电缆、太阳辐射仪、中心测控服务器、温控软件分析平台等软硬件组成。智能温控系统构成示意图如图 6.4-2 所示。

6.4.4.1　温控信息监测与采集子系统

本子系统的主要功能是为各种关键温控要素的实时、全面、准确采集提供系统软硬件平台。温控要素包括出机口温度、入仓温度、浇筑温度、仓面小气候、混凝土内部温度过程、温度梯度、通水冷却进水水温、出水水温、通水流量等。上述温控要素中出机口温度、入仓温度、浇筑温度可运用手持式设备通过半自动方式采集，混凝土内部温度过程、温度梯度、通水流量、水温、水压、太阳辐射、气温、湿度、风速等可通过自动监测仪器获取。此外，本系统还可获取各仓浇筑信息（浇筑分仓、浇筑起始高程、部位、浇筑时

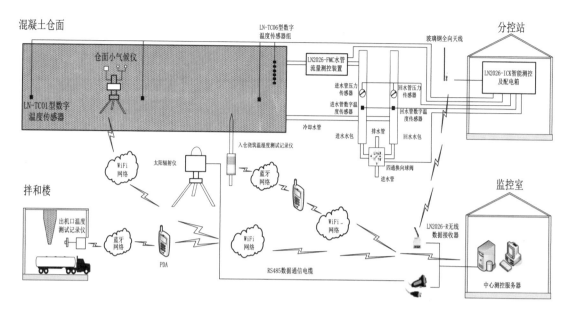

图 6.4-2 智能温控系统构成示意图

间、浇筑方量、混凝土配合比、浇筑强度等)、天气预报信息等基础信息和公共信息。

6.4.4.2 大坝混凝土温控信息评价和预警子系统

本子系统的主要功能是为大坝混凝土温控施工的实时评估和预警提供系统软件平台。具体而言，建立温控实时评估模型和温控实时预警模型，完成温控施工信息的实时评估和报警预警，通过图形和表格的方式对温控信息进行统计、评价和分析，以及进行实时的预警。主要温控要素的评价预警内容包括仓面气温信息、出机口、入仓及浇筑温度、最高温度、通水信息、养护保护信息、降温速率、气象信息等十多种重要的图形和表格及其预警报警信息。

6.4.4.3 智能自动化通水子系统

针对杨房沟混凝土拱坝的结构和边界条件，综合考虑绝热温升、温度梯度和降温速率以及混凝土相关的各种热力学参数等多种因素，建立大坝的混凝土智能通水冷却参数预测模型，利用该模型可根据冷却温度目标要求自动给出通水冷却流量参数。智能通水冷却的总体流程是根据给定的理想温度过程、实时监测温度、气象和通水冷却信息，评估下一时刻的通水冷却指令，按照指令由自动控制设备完成自动通水冷却。

6.4.5 智能温控网络布置

根据现场施工环境，智能温控系统网络采用有线网络与无线网络相结合的方式，以有线网络为主、无线网络为辅。麦地龙承包商营地至现场指挥中心、拌和楼采用光纤网络进行数据传输，大坝现场网点与仓内及坝后设备通过无线网络进行数据传输，智能温控网络布置如图 6.4-3 所示。

6.4.6 智能温控设备布置

6.4.6.1 现场分控站布置

温控分控站根据水包位置进行布置，每个分控站由 1～2 个智能温控配电箱及多个流

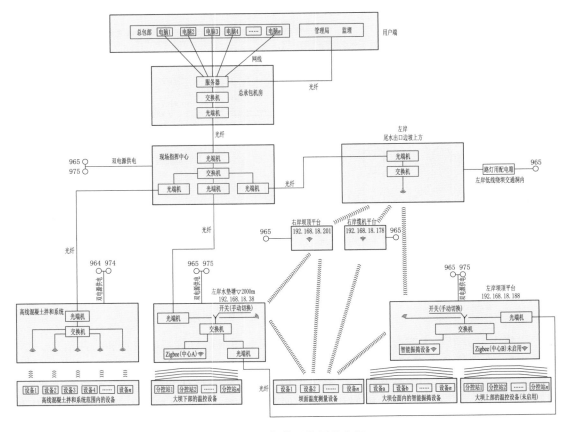

图 6.4-3　智能温控网络布置

量测控箱组成,如图 6.4-4 所示。每个分控站控制附近多个坝段多个仓号的冷却通水及数据采集,大坝混凝土以仓为单位进行控温,每个流量箱最多仅控制 1 个仓号,不得跨仓,确保各仓温度能够精细化控制。结构部位与非结构部位使用的混凝土强度、级配、坍落度不同,混凝土的温升和温降曲线存在显著差异,因此结构部位与非结构部位分开进行温控,分别接入不同的流量箱进行精确控温。

6.4.6.2　冷水机组及供水管路布置

1. 冷水机组布置

布置于大坝下游的 5 个移动式冷水机组,负责提供各高程段大坝一期、中期及二期通水冷却的制冷水,按照最大制冷量能同时满足大坝混凝土各期通水冷却的要求。移动式冷水机组先后布置在坝后水垫塘底板高程 1955.00m、水垫塘左岸边坡高程 2002.00m 马道上游侧、右岸坝后高程 2030.00m 马道、左岸坝后高程 2060.00m 马道、右岸坝后

图 6.4-4　分控站现场设计图

高程2080.00m马道、右岸高程2102.00m平台。根据冷水机组供水范围可达冷水机组高程的上、下各65m高度的特性及各期冷却水水温不同的特点，在冷水机组通水范围内二期通水完成后可拆除冷水机组，将该台冷水机组调整至高程较高位置，以满足后续仓号浇筑的冷却通水。冷却通水布置设计如图6.4－5所示。

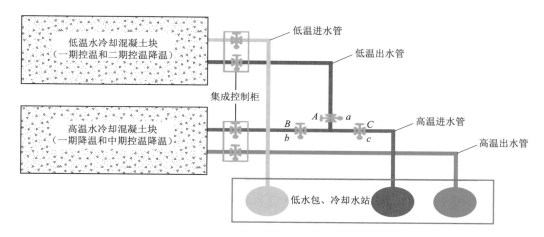

图6.4－5　冷却通水布置设计图

2. 供水管路布置

供水管路分为下游坝坡主管、坝后水平钢栈桥上的冷却水干管、供水包等，所有管路均为封闭循环回路。冷水机组出口连接管采用DN300钢管（厚6mm），从机组沿坝后马道布设至坝后贴角，再将DN300钢管变径为坝后水平钢栈桥上的冷却水供、回水干管。坝后水平钢栈桥上的冷却水供、回水干管在高程1955.00～1982.00m，高程2077.00～2102.00m范围采用两趟（共4根）DN150钢管（厚4.5mm）；在高程2005.00～2054.00m范围采用两趟（共4根）DN200钢管（厚6mm）。在7♯、9♯、11♯坝段坝后布置竖向上引供水管路，中孔下游牛腿部位在高程2005.00m坝后布置竖向上引供水管路。

6.4.6.3　仓内水管布置

由于仓内不同结构部位浇筑的混凝土等级、级配不同，不同等级混凝土水化热反应相差较大，采取不同结构部位铺设层距与间距不同的方式铺设冷却水管，以控制混凝土最高温度。

非结构仓及结构仓大面无结构部位主要浇筑$C_{180}30W_{90}10F_{90}200$四级配混凝土，冷却水管布置间距为1.5m×1.5m（层距×排距，下同），管径为32mm。中孔上下游牛腿结构部位浇筑C30W10F200二级配混凝土，冷却水管铺设前期采用1m×1m，后期改为1m×0.8m，管径为40mm。环锚结构部位浇筑$C_{180}30W_{90}10F_{90}200$二级配混凝土，冷却水管铺设前期采用1m×0.8m，后改为0.5m×0.8m，管径为40mm。钢衬底部浇筑C35W10F200一级配自密实混凝土，冷却水管铺设采用0.6m×1m，管径为40mm。

6.4.7　智能温控实施过程管理

智能温控涉及单位较多，实施过程管理复杂，为了更好地推进智能温控实施过程管理，在杨房沟水电站建管局及长江委监理部的领导下，成立了智能温控建设领导小组，智能温控组织机构如图 6.4 - 6 所示。

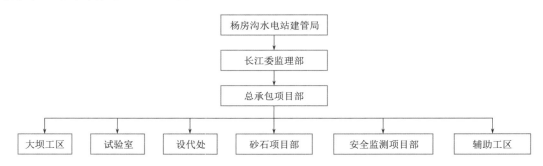

图 6.4 - 6　智能温控组织机构示意图

通过优化任务分工，将智能温控各项施工内容准确分解到各相关单位，工作界面清晰明确。温控设备的采购工作和总体布置由总包设代处负责，可以充分发挥设计分析计算和对技术标准的理解优势，通过精细化设计达到控制和优化温控设备数量的目的。温控设备的安装和维护工作由总包各工区负责，有利于提高施工作业人员的保护意识，便于提高设备完好率，降低维护成本。按照"谁施工谁维护"的原则，将责任明确落实到具体单位，提高了各参建方的责任意识。

智能温控系统组成设备众多，工作面分布范围广，工作内容跨度大，出现问题的概率较高，故障往往由众多因素引起，某一家单位难以单独解决。为了确保发生故障时能够快速解决，减少对后续工作造成干扰，在各级管理机构的领导下，建立了现场沟通协调机制，每日在现场指挥中心召开碰头会，梳理前一天产生的问题和故障，参建各方之间进行充分沟通，共同研究解决办法，通过缩短管理链条提高解决问题的效率。此外，还定期召开温控专题会，梳理分析问题并总结经验，如图 6.4 - 7 所示。

由于智能温控系统的特殊性，现场基础信息的处理和上传产生的偏差和错误必然会导致系统中的数据异常，且信息一旦上传难以在现场和系统中识别。因此，保证现场信息处理和上传的准确性至关重

图 6.4 - 7　智能温控工作专题汇报

要。总承包项目部建立了联合巡检制度，在施工过程中不定时进行检查，发现问题及时解决，督促整改落实，提高现场操作人员的责任心和操作规范性，减少错误。

6.4.8　智能温控实施成果与效果

杨房沟水电站作为国内首个百万千瓦级 EPC 水电工程项目，大坝混凝土从 2018 年 10 月 30 日开仓浇筑，2020 年 12 月 17 日大坝全线浇筑封顶，2021 年 5 月 2 日接缝灌

浆全部完成,未发现危害性温度裂缝,大坝混凝土温控质量符合设计要求。通过研究建立适用于全时空联动的搞拱坝混凝土防裂控制体系,优化升级智能通水调控模型,通过智能温控系统对杨房沟水电站 555 仓共计约 86 万 m³ 大坝混凝土进行精细化温度控制,累计监测数据量达 557 万条,共计实现了约 25 万次智能调控,最终实现指标符合率达 94.6% 以上。

6.4.8.1　出机口温度

大坝混凝土出机口温度共检测 7960 次,其中≤9℃检测 2847 次,平均温度 8.44℃;≤11℃检测 5113 次,平均温度 8.89℃。混凝土出机口温度控制检测结果满足设计要求。大坝混凝土出机口温度检测成果见表 6.4-1。

表 6.4-1　　　　　　　　大坝混凝土出机口温度检测成果统计表

检测项目	控制要求/℃	检测次数	最大值/℃	最小值/℃	平均值/℃	合格率/%
出机口温度	≤9	2847	12.93	6.10	8.44	99.54
	≤11	5113	13.00	5.68	8.89	99.90

6.4.8.2　入仓及浇筑温度

大坝混凝土入仓温度检测 13530 次,平均温度 10.51℃;对混凝土浇筑温度检测 9895 次,平均温度 12.05℃,合格率为 99.24%。混凝土出机口温度、浇筑温度控制检测结果满足设计要求。大坝混凝土入仓温度及浇筑温度控制检测成果见表 6.4-2。

表 6.4-2　　　　　大坝混凝土入仓温度及浇筑温度控制检测成果统计表

检测项目	控制要求/℃	检测次数	最大值/℃	最小值/℃	平均值/℃	合格率/%
入仓温度	—	13530	17.12	5.93	10.51	—
浇筑温度	设计符合率≥90%	9895	19.65	6.31	12.05	99.24

6.4.8.3　内部最高温度

大坝混凝土共浇筑 555 仓,观测到混凝土最高温度的温度计 1561 支(过程中损坏 10 支),其中基础强约束区符合率为 98.2%,基础弱约束区符合率为 97.3%,孔口约束区符合率为 87.2%,自由区符合率为 99.2%。

6.4.8.4　内部温差

对大坝 1032937 个测点统计资料进行分析,混凝土内部温差平均符合率为 94.6%。混凝土内部温差控制情况见表 6.4-3。

表 6.4-3　　　　　　　　混凝土内部温差控制情况统计表

冷却阶段	是否为同类结构	设计标准/℃	最大值/℃	最小值/℃	平均值/℃	总测次数	符合率/%	设计符合率要求/%
一期	是	3	7.76	0.01	1.15	350915	90.3	85
	否	6	8.66	0.03	2.06	72163	93.4	85

冷却阶段	是否为 同类结构	设计标准 /℃	最大值 /℃	最小值 /℃	平均值 /℃	总测次数	符合率 /％	设计符合率 要求 /％
中期	是	3	4.56	0.008	0.83	260703	96.2	85
	否	3	8.7	0.01	1.26	42963	90.4	85
二期	是	2	3.52	0.006	0.68	271635	97.5	85
	否	2	2.08	0.01	1.05	34558	99.8	85

6.4.8.5　降温速率

根据设计技术要求，一期冷却阶段混凝土日降温速率不超过 1℃，且日平均降温不宜超过 0.5℃。中期冷却阶段混凝土日降温速率不超过 0.6℃，且日平均降温不宜超过 0.4℃。二期冷却阶段混凝土日降温速率不超过 0.5℃，且日平均降温不宜超过 0.3℃。

降温速率总体控制较好，一期、中期及二期冷却阶段混凝土降温速率控制符合率分别为 96.17％、97.09％、97.11％，均满足设计要求。大坝混凝土降温速率控制情况见表 6.4-4。

表 6.4-4　　　　　　大坝混凝土降温速率控制情况统计表

冷却阶段	总测次数	降温速率/(℃/d)			合格次数	符合率 /％	设计符合率 /％
		最大值	最小值	平均值			
一期	14010	5.25	0.0	0.23	13473	96.17	90
中期	18245	2.60	0.0	0.12	17714	97.09	90
二期	18428	2.45	0.0	0.11	17895	97.11	95

6.4.8.6　内部温度回弹控制

大坝共计监测混凝土内部温度回弹 35176 次，最大持续回弹 6.73℃，最小回弹 0.01℃，平均回弹 0.21℃，其中持续回弹值不高于 1℃ 共 34401 次，符合率为 97.8％，符合设计要求。混凝土内部温度回弹控制情况见表 6.4-5。

表 6.4-5　　　　　　混凝土内部温度回弹控制情况统计表

最大值 /℃	最小值 /℃	平均值 /℃	总测次数	合格次数	符合率 /％	设计符合率要求 /％
6.73	0.01	0.21	35176	34401	97.8％	90

6.4.8.7　各期冷却目标温度

对大坝混凝土各期目标温度进行评价，一期冷却目标温度符合率为 92.52％，中期冷却目标温度符合率为 91.24％，二期冷却目标温度（封拱温度）符合率为 100％，满足设计要求。各通水冷却阶段目标温度符合率见表 6.4-6。

6.4.8.8 内外温差控制

根据设计技术要求，拱坝混凝土内外温差（混凝土内部最高温度与混凝土表面温度之差）控制标准为17℃。经过对保温苯板与混凝土接触面温度观测，低温季节苯板底部温度基本为12℃左右，高温季节苯板底部温度基本为17℃，且较稳定。

表 6.4-6 各通水冷却阶段目标温度符合率统计表   ％

冷却阶段	符合率	设计符合率要求
一期	92.52	90
中期	91.24	90
二期（封拱温度）	100	95

经统计分析，混凝土内外温差整体控制较好，最大温差 24.33℃，最小温差 5.14℃，平均温差 11.34℃，整体合格率为 96.22％。混凝土内外温差合格率监测成果见表 6.5-7。

表 6.4-7 混凝土内外温差合格率监测成果统计表

时段	总测次数	控制标准/℃	最大值/℃	最小值/℃	平均值/℃	合格率/％
高温季节	264	17	16.48	5.14	9.7	96.97
低温季节	291	17	24.33	8.14	13.68	95.53
合计	555	17	24.33	5.14	11.34	96.22

6.4.8.9 混凝土保温及养护

1. 混凝土保温

（1）现场混凝土表面保温工作成立专业小组（必须有高空作业人员 3～5 个），并安排专人每班巡视检查，按保温覆盖标准要求，督促落实及整改或处罚。

（2）低温季节，夜间 11 点以后至早上 9 点以前，无特殊情况（阳光已直射仓面，实际气温较高；4h 内具备接仓浇筑混凝土等）严禁冲毛和冲仓；夜间 11 点以前及时关闭仓面流水和清除深积水。

（3）低温季节或寒潮期间，合理安排大模板提拆时间，并及时跟进覆盖保温材料，避免混凝土表面造成冷击出现裂缝。

（4）所有坝体仓面、横缝、上下游面等部位，保温材料的覆盖紧贴混凝土面、搭接严密、固定牢靠；廊道、孔口、通气孔等部位，设置保温防风隔板或隔门，相关人员进出后随手关门。保温措施如图 6.4-8～图 6.4-13 所示。

图 6.4-8 仓面保温被覆盖

图 6.4-9 大坝苯板粘贴

图 6.4-10 横缝保温卷材

图 6.4-11 模板支腿下方保温

图 6.4-12 孔洞封堵

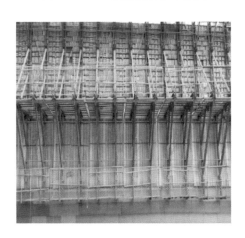

图 6.4-13 模板背侧保温

2. 混凝土养护

混凝土收仓后，对收仓面及时覆盖保温被进行保温隔热，混凝土终凝后即开始养护，仓面采用旋转喷头和人工洒水相结合的方式进行养护，直至上层混凝土浇筑为止，同时避免冬季低温时段仓面积水；横缝及上下游永久面采用挂设花管喷淋养护，横缝局部花管流水养护不到的地方辅以人工洒水养护，以保持混凝土表面持续湿润；廊道内部安装喷雾装置采用雾化方式进行养护保湿，并定期进行过滤装置及喷雾管路检查维护，避免管路或喷嘴堵塞影响喷雾效果。

6.4.8.10 混凝土通水冷却

1. 一期通水

（1）高、低温季节结构部位的高标号、低级配、大坍落度混凝土部位，一期通水应使管路流量满足 $5.0 \sim 6.0 \text{m}^3/\text{h}$ 左右，水温在 $5 \sim 7 \text{℃}$ 之间，才可能控制最高温度在设计要求范围内（虽然通水水温和混凝土最高温度形成温差较大，但早期混凝土弹性模量及应力变化较小，不易产生裂缝）。在最高温度出现后（一般 $3 \sim 5\text{d}$），及时改换成中期 $14 \sim 16 \text{℃}$ 较高的水温，从而控制混凝土降温速率和达到内部温差均衡。

（2）仓内测温人员巡查浇筑过程中的冷却水管铺设间距和高程，按仓面设计对照调控，保证水管和温度计的对应关系。发现弯折和渗漏水管，及时进行处理恢复，保证通水流量满足需求。

（3）低温季节非结构仓（不包括基础强约束区仓号）一期通水冷却，采取不通水或直接采用中期 14～16℃ 水温通水。避免混凝土未充分释放水化热、最高温度值过低，造成后期温度反弹较为猛烈而不易控制。

（4）重点关注上层仓号混凝土浇筑完成，达到最高温度前后时段，下层仓号明显的温度回弹控制，避免回弹超过前期最高温度。

（5）混凝土最高温度出现后的降温速率控制。为保障夏季最高温度出现后降温速率的控制，针对不同结构仓冷却水管布置情况，根据混凝土温度和通水水温变化数据统计，分析采取预判措施，提前对通水流量或水温进行调整。冬季加强混凝土表面保温的及时与完整性，防止薄壁结构部位散热过快。

2. 中期通水

中期冷却主要目的是以控温为主，防止一期冷却结束后混凝土温度快速回升，从而导致增加二期冷却的降温幅度。中期通水根据温度变化，采取间歇性通水，较好地达到了内温曲线变化的平滑稳定性。

3. 二期通水

（1）因二期冷却与接缝灌浆和现场施工进度有重要的直接关系，灌区开始二期冷却 5～7d 后，安排专人每天关注同冷区和拟灌区温降情况，以及已灌区温度回弹情况，每班及时进行调控通水，排查、解决通水故障影响，保证满足接缝灌浆的温度要求，并及时移交冷却水管进行回填。

（2）二期冷却、接缝灌浆及水管回填结束后，及时规范地形成相关的闷水测温、混凝土内部温度及封拱温度记录资料。

（3）及时对边坡坝段建基面部位仓号进行回弹控制，以免受基岩温度的影响。

6.5 智能灌浆

杨房沟水电站为Ⅰ等工程，工程规模为大（1）型，是国内首个百万千瓦级 EPC 水电项目。工程枢纽主要建筑物由挡水建筑物、泄洪消能建筑物及引水发电系统等组成。挡水建筑物采用混凝土双曲拱坝，坝顶高程 2102.00m，正常蓄水位 2094.00m，最大坝高 155m。本水电站钻孔与灌浆工程主要工程量为：回填灌浆 7 万 m^2，固结灌浆 12 万余 m，帷幕灌浆 15 万余 m，化学灌浆 5t，接触灌浆 3 万 m^2，接缝灌浆 4.5 万 m^2，工程量大，工期紧张。

杨房沟水电站作为国内首个百万千瓦级 EPC 水电项目，率先开始了大型水电工程 EPC 建设管理的探索与实践，为新常态下水电市场转型升级提供新的发展方向。为了使杨房沟水电站基础灌浆工作更有效、有序，更科学、快速推进，保证施工质量，从而加快施工进度，确保满足提前发电目标要求，经业主、监理等相关参建单位研究决定，本水电站地下渗控工程施工引入"智能灌浆建造系统"。

6.5.1　系统设计原则

智能灌浆建造系统的设计满足下列各原则。

（1）稳定性和可靠性。选用先进、成熟、可靠的传感器、高度集成的智能控制硬件设备、操作系统软件、平台软件、网络拓扑结构及先进、可靠的数据通信规则。

（2）精准高效。制输配系统，建立制浆、输浆、配浆、灌浆需求预测之间的复杂约束模型，然后采用多阶鲁棒优化算法进行精准浆液优化调度，大大提高了制输配灌效率。

（3）可视化。在现有BIM系统基础上采用Digital Twin（数字孪生）技术，提前对施工部位进行三维建模，然后根据现场的施工数据对施工现场进行完整的数字映射，从而达到全程可溯源。

（4）无纸化。施工过程中的验评均采用电子签章。现场操作员、三检人员、监理工程师、业主等各方人员登录系统确定需要签字的文件，分别上传平台确认，审核一致后，进行电子资料归档。

（5）实时监控与预警。通过抬动自动观测与报警装置，实现施工过程中变形观测自动报警卸压。

（6）深度学习。基于大量的地质勘探和岩土施工数据，建立模拟人脑进行分析学习的深度学习算法，模仿人脑的机制来解释数据、分析数据，从而经过长期的学习，能够为施工做出指导。

（7）维护性。便于维护，人机界面友好，中文界面，便于系统运行人员操作和管理员维护。

（8）安全性。系统软件运行在专用内部网络系统，只有经过系统授权的用户才能对数据进行浏览和修改等。

6.5.2　系统构成

智能灌浆系统由智能制浆输浆配浆灌浆硬件设备、智能灌浆控制管理软件、智能管理云平台和数字孪生以及工程渗控效果管理分析系统共4个部分组成。

6.5.2.1　智能制浆输浆配浆灌浆硬件设备

智能制浆控制系统总体设计组成部分包括卧式灰罐水泥存储及输送、双轴逆向制浆机及输送泵、智能操作控制系统平台。

系统由散装水泥卧式灰罐及其装置在灰罐内的水平螺旋机与气泵、双轴逆向制浆机、输送泵以及装置在各部件上的称重计量传感器和智能操作平台组成，通过PLC编程控制，实现人机一体化。智能制浆控制系统如图6.5-1所示。

各部分功能如下。

（1）卧式灰罐负责水泥存储及按指令要求输送。

（2）双轴逆向制浆机及输送泵负责水泥及各种添加剂混合搅拌功能及快速输浆功能，节省时间。

（3）智能操作控制系统平台是搅拌系统的大脑，负责对搅拌机各项进料、称重、出浆进行指令，制成全自动和手动两套模式，以方便操作。

6.5.2.2　自动配浆站硬件

灌浆作业时按实际所需水灰比配制浆液，浆液偏浓时自动加水（称重控制加水量）；

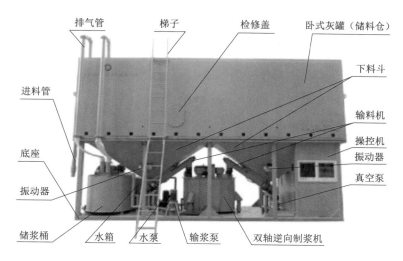

图 6.5-1 智能制浆控制系统组成图

压水时自动加水，保证灌浆桶内水位在控制液面之上（灌浆桶的 1/3）。自动配浆站硬件如图 6.5-2 所示。

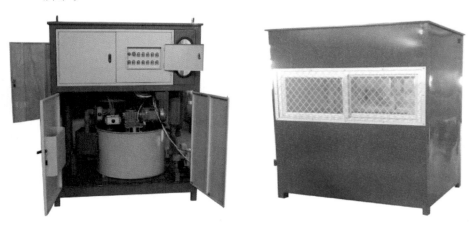

图 6.5-2 自动配浆站硬件图

6.5.2.3 自动输浆站硬件

传统的输浆操作通常一台输浆泵带两套或两套以上的输浆管路，当多个机组先后要浆时，需要人为进行管路切换；采用集中输浆控制系统，根据需求量，制出浓浆，然后采用 8 路气动球阀，自动控制阀门开关时间，让水泥浆按照每路机组的需求进行输送，大大提高了效率，节约了人力和物力。输浆控制柜的内部图如图 6.5-3 所示。

1. 自动灌浆硬件系统

采用自动调压阀门，实现自动调节压力外腔导流管组成智能调压装置，精度控制在 ±0.1MPa 范围内。原理图和实物图如图 6.5-4 和图 6.5-5 所示。

设备主要组件包括：调压阀、齿轮、变速箱、小电机。工作原理为通过控制电机正/反转使调压阀进行开/合转动，通过调整调压阀间隙间接控制压力大小。自动调压控制方

图 6.5 - 3　输浆控制柜的内部图

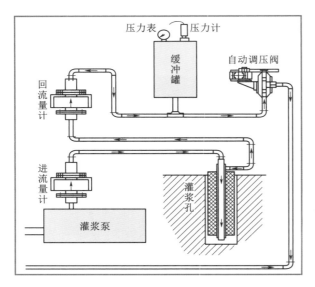

图 6.5 - 4　原理图

图 6.5 - 5　实物图

式有以下两种。

（1）限流调压。输入控制流量大小，压力控制按实际吸浆量大小与设置流量大小，做相应的压力控制调整，最大压力不大于该段灌浆设计压力。

（2）按表逐步调压。按照灌浆规范要求设置压力与流量关系对应表。智能灌浆系统根据吸浆量大小做调压控制调整，使压力与流量关系满足对应关系表要求。

高精度密度传感器稳定可靠装置由压力感应器、内接空心管、外腔导流管组成，压力感应器与浆液不直接接触，是首次将该装置引入到水泥浆液的密度测量中，结构图如图 6.5 - 6 所示。

工作原理：外腔导流管的高度是固定的，回浆浆液由密度检测装置底部进入，从密度检测装置外腔导流管四周溢出回流至灌浆桶，因此浆液柱高固定不变，密度大小与密度传感器感应面之间的压力大小呈直线关系，密度传感器的电流信号经 A/D 转换输入至控制系统处理器完成密度大小的采集功能。

2. 抬动监测硬件

单台抬动报警器选用高精度、高灵敏度的千分表作为抬动测量的工具。采样数据可实时采集、实时无线传输到记录仪端，理论无线传输距离可达3km，客户可足不出户了解工地的实时抬动情况。抬动报警器组成包括高分贝声光报警器、高精度数字千分表、数据采集线、控制器、无线传输接口等部分。

图 6.5-6　结构图

6.5.2.4　智能灌浆控制管理软件

1. 自动制浆站管理软件

智能控制系统采用全自动称重模式配料与送浆

（拌和水、灰料、添加剂等按重量比例，即按预定水灰比），并自动搅拌到预设时间，然后自动输浆，输浆完成后系统自动进入再次制浆，实现自动化操作。根据需要也可采用手动操作模式，即使手动配浆也会分别自动存储，并可查询某时间段设定和实际配料数据，此外还有统计累计量的功能。

系统主要包括主界面显示、配方设置、提前量设置、控制设置大模块，以下仅对主界面显示、配方设置等展开介绍。

（1）主界面显示。主要用于显示配浆参数、单次配浆情况、数据查询、设备实时运行状态。具体如图 6.5-7 所示。

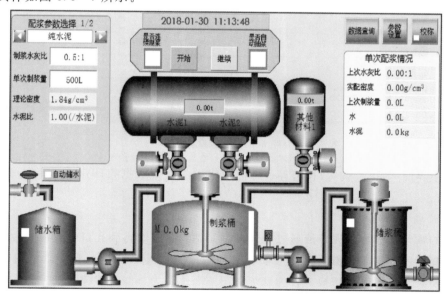

图 6.5-7　智能制浆控制系统操控主界面

（2）配方设置。用于选择配方号和配方类型，表示选择该配方并按此配方配浆。具体界面如图 6.5-8 所示。

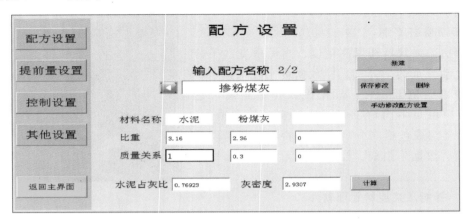

图 6.5-8　智能制浆控制系统主界面配方设置

（3）主界面-数据查询。用于查询制浆数据。具体如图 6.5-9 所示。

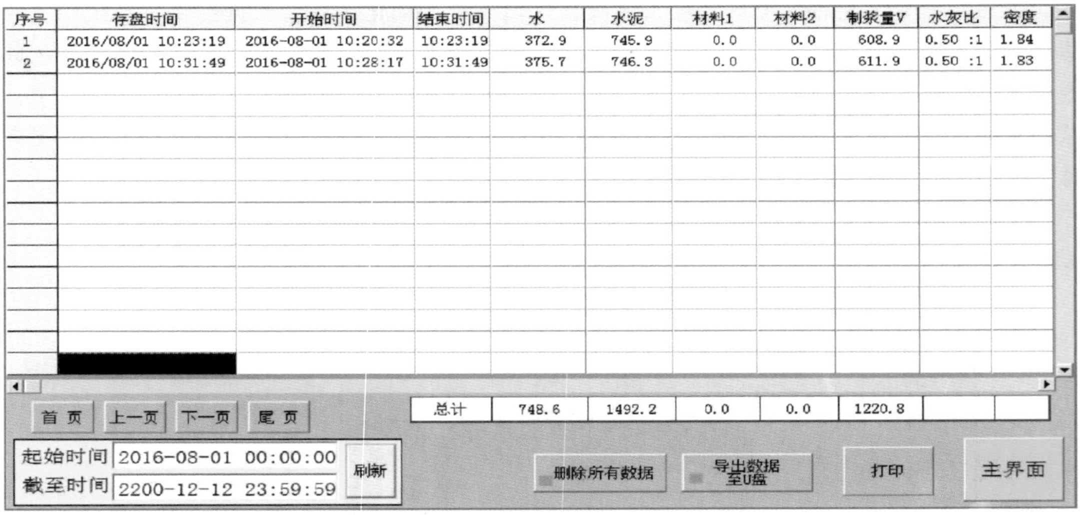

序号	存盘时间	开始时间	结束时间	水	水泥	材料1	材料2	制浆量V	水灰比	密度
1	2016/08/01 10:23:19	2016-08-01 10:20:32	10:23:19	372.9	745.9	0.0	0.0	608.9	0.50 :1	1.84
2	2016/08/01 10:31:49	2016-08-01 10:28:17	10:31:49	375.7	746.3	0.0	0.0	611.9	0.50 :1	1.83
			总计	748.6	1492.2	0.0	0.0	1220.8		

首页　上一页　下一页　尾页

起始时间 2016-08-01 00:00:00　　截至时间 2200-12-12 23:59:59　　刷新

删除所有数据　　导出数据至U盘　　打印　　主界面

图 6.5-9　数据查询

（4）主界面-数据查询-数据打印。可把系统中的制浆数据打印出来。具体如图 6.5-10 所示。

2．自动输浆管理软件

传统的输浆操作，水泥浆液通过浆管从制浆站到灌浆站再到孔口，通常一台输浆泵带两套或两套以上的输浆管路，但由于机组和浆管一一对应，因此，当多个机组先后要浆时，就需要人为进行管路切换，较为麻烦。图 6.5-11 为典型的传统输浆控制系统。

在传统输浆控制系统操作过程中，1♯机组、2♯机组对应一台输浆泵，同时要浆时，仅有 1 台输浆泵满足仅能满足 1♯机组的送浆要求，因此就需将 2♯机组接入另外一台输浆泵，人工

打印时间 2016-08-18 16:52:20　刷新　打印　返回　主界面　共1页

起始时间 2016-08-01 00:00:00

截至时间 2016-08-18 23:59:59　首页　尾页

总计		748.6	1492.2	0.0	0.0	1220.8		
序号 开始时间	结束时间	水	水泥	材料1	材料2	制浆量V	水灰比	密度
1 2016-08-01 10:20:32	2016-08-01 10:23:19	372.9	745.9	0.0	0.0	608.9	0.50 :1	1.84
2 2016-08-01 10:28:17	2016-08-01 10:31:49	375.7	746.3	0.0	0.0	611.9	0.50 :1	1.83

图 6.5-10　数据打印

操作较为繁琐、费时，当有多个机组同时要浆时，就无法满足现场灌浆施工需求；再者，灌浆站要求送浆，与制浆站沟通时，仍停留在传统的电话、对讲机方面，与当前智能信息时代严重不符，因此，就需要对传统输浆控制系统进行优化设计，以满足现场施工需求。

结合水泥浆液运动规律，浆液在浆管中时常因输浆压力过大导致爆管，而作业人员还需根据管路走向进行爆管位置排查，耗时

图 6.5-11　传统输浆控制系统

费力，因此智能输浆控制系统主要从以下三个方面开展研究："供浆"指令的传达与接收；智能输浆控制系统的系统配置；浆液输送过程中异常处理。

增加的制输配浆控制系统，界面如图 6.5-12 所示，其中运用了和西安交通大学系统工程研究所合作发明的复杂的多阶段鲁棒智能调度优化算法（发明专利申请中）。中间每个灌浆仪下个时段的浓浆用量需要用到统计学、浆液密度变化标准、$P-Q$ 压流控制曲线等多种方法确定，为了提高预测精度，还需针对序号、单元号、排号等工况特点，采用神经网络不断学习，准确预测出浓浆使用量。

通过在智能灌浆控制系统主界面上增设"送浆指令传达"功能，进入智能灌浆控制系统主界面后点击申请送浆量功能菜单，弹出"申请送浆量"对话框，通过设置时间 6min（就是制一桶浓浆还有输送加起来的时间），在对话框中输入"申请送浆量"，点击"确定"即可，如图 6.5-13 所示。同时，根据输浆距离的长短或输浆范围，选择 LoRa 无线传输技术或有线网络将数据指令传达到智能制浆控制系统。

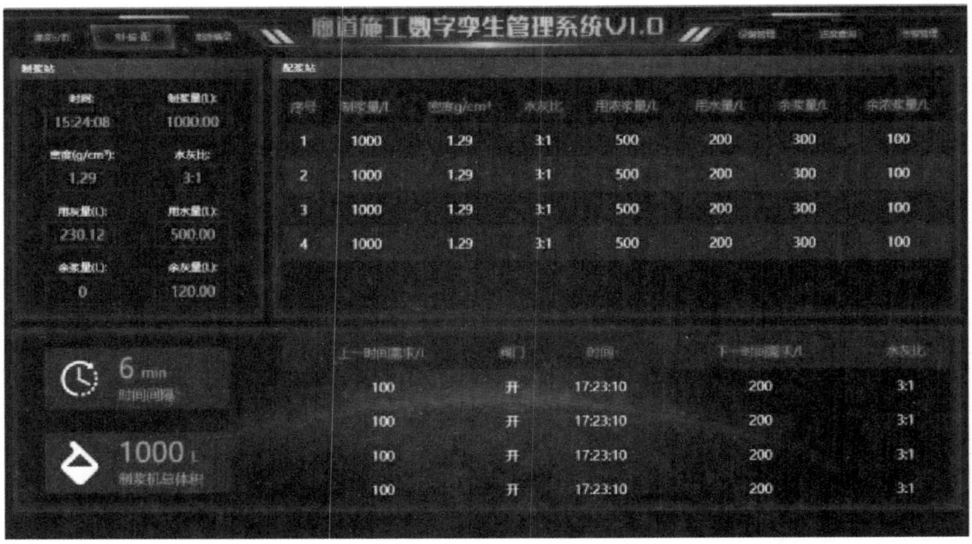

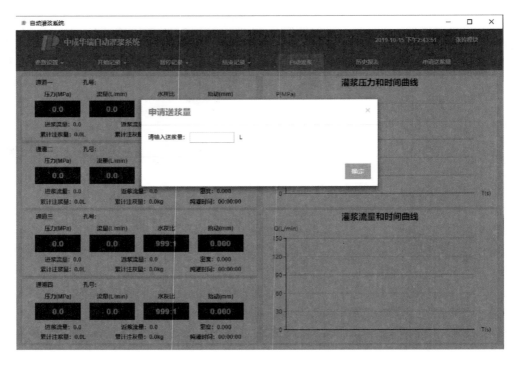

图 6.5 - 12　制输配浆控制系统界面

图 6.5 - 13　送浆指令传达演示图

通过在智能制浆控制系统主界面上增设"送浆指令接收"功能，当送浆指令数据传达到智能制浆控制系统时，主界面随即弹出"送浆量提示"对话框，并将该数据传达到智能制浆控制柜中的工控机上，以便组织制浆，具体如图 6.5 - 14 所示。

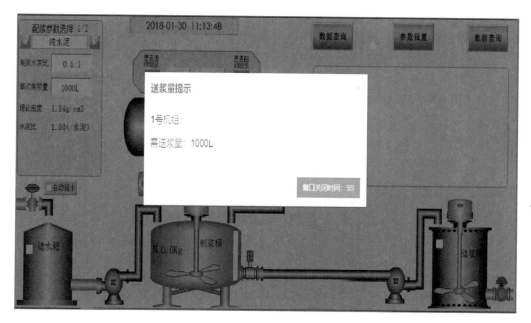

图 6.5-14 送浆指令接收演示图

同时,智能灌浆控制系统也收到"指令已接收"的回执消息,具体如图 6.5-15 所示。

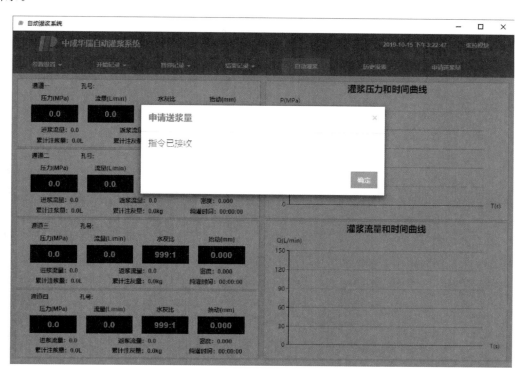

图 6.5-15 送浆指令传达回执演示图

输浆智能配置，主要是对不同输浆规模、不同施工时段的输浆资源配置设计，利用"PLC＋交流接触器＋电磁阀（可选用）"等电子器件配置不同场景模式下的"输送控制选择功能"，并智能分配输浆任务。基于多个机组的输浆任务，智能送浆通过在制浆主界面弹出消息通知机制，液晶显示屏的制浆主界面会显示出各个机组的机组名字、水灰比、送浆量、开始制浆、完成制浆、送浆状态，并根据送浆状态，智能分配到后续 1～8 个机组。图 6.5-16 是 8 个控制阀门的配电柜控制界面。

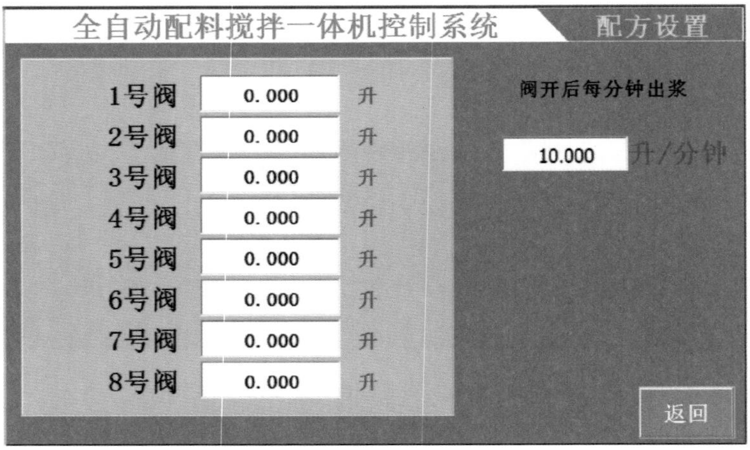

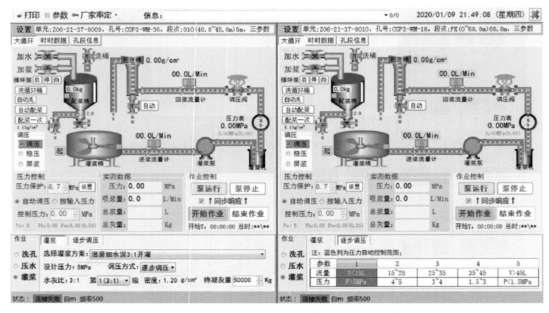

图 6.5-16　8 个控制阀门的配电柜控制界面

3. 自动灌浆配浆管理软件

自动灌浆配浆系统软件采用一拖二的控制方式，即一套软件可控制两套设备的运行。具体如图 6.5-17 所示。

图 6.5-17　一套软件控制两套设备的运行主界面

　　整个灌浆或压水过程可以采用限流调压与逐步调压两种自动调压方式。其中逐步调压方式用于设置"逐步调压"降压处理方案，实现按吸浆量大小自动调整控制压力。

　　软件系统不仅能够自动调压，而且能够根据规范自动配浆，注浆量大于300L就可以逐级变浆而自动配浆，操作页面如图6.5-18所示。

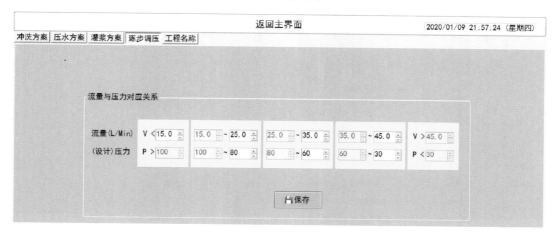

图6.5-18　操作页面

　　智能配浆不仅能够控制过程中的压力和水灰比，还能够设置好屏浆标准而自动停止灌浆。有了这一系列的操作，可以完全真正地实现全自动全智能无人操作的灌浆和压水施工。

　　灌浆施工记录报表根据施工方式选择的不同，共分为裂隙冲洗、压水、灌浆报表、灌浆三参数曲线、封孔报表5种类型。

　　（1）裂隙冲洗，具体如图6.5-19所示。

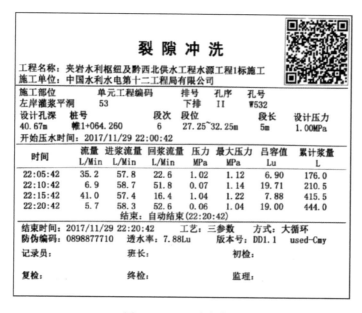

图6.5-19　裂隙冲洗

（2）压水。智能灌浆控制系统设计了简易压水、单点法压水、五点法压水试验等多点压水几个选项。生成的报表完整且一目了然，如图 6.5-20 所示。

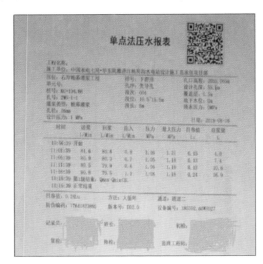

图 6.5-20　压水报表

（3）灌浆报表。智能灌浆控制系统"灌浆报表"能直接设置生成工程名称、施工单位，增加了施工部位、开灌水灰比、开灌时间、正常屏浆结束时间、灌浆工艺，以及总浆量、总灰量。灌浆报表不仅设计生成有"防伪编码"，还可按日期自动生成"二维编码"，扫描"二维编码"可生成电子文档。整个报表版面整洁有序、一目了然，如图 6.5-21所示。

（4）灌浆三参数曲线。除设计生成桩号、孔号、段次、段长、开灌时间外，还可生成压力、吸浆量、密度与时间的直角网络式参数曲线，具体如图 6.5-22 所示。

（5）封孔报表，如图 6.5-23 所示。

4. 智能管理云平台和数字孪生

采用现场无线传输，将各种传感器、设备都和事先建立的三维数字模型结合起来。将虚拟现实技术有机融入到工业监控系统，以真实生产施工的仿真场景为基础，对各个工段、重要设备的形态进行复原，并实时反映其生产流程和运行状态。该过程就是数字孪生。基于数字孪生的水电站渗控工程智能制造系统，其主界面大屏如图 6.5-24 所示。

数字孪生模型可以展示工程的现状、各种传感器和施工设备的参数、施工进度，显示合格率；并有警报显示，现场警报，并上传服务器记录故障时间和故障设备，短信提醒相关人员。若系统庞大一屏容纳不了，可漫游、分页或总图加局部放大。

6.5.3　系统硬件布置

1. 施工供风

拱坝横缝接缝灌浆施工供风，布置一台 20m³ 电动中风压空压机，布置位置随施工面转移在满足安全的前提下就近布置空压机房。从空压机 ϕ80 钢管接至工作面附近安装风包，再从风包上的支管接用风设备。

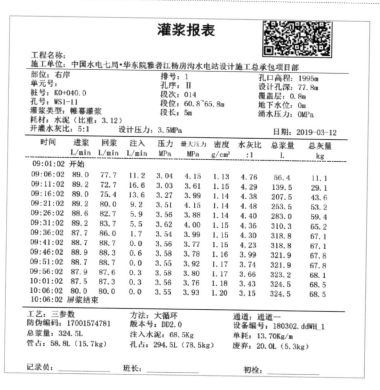

灌浆报表

工程名称：
施工单位：中国水电七局•华东院雅砻江杨房沟水电站设计施工总承包项目部

部位：右岸	排号：1	孔口高程：1995m
单元号：	孔序：II	设计孔深：77.8m
桩号：K0+040.0	段次：014	覆盖层：0.8m
孔号：WS1-11	段位：60.8~65.8m	地下水位：0m
灌浆类型：帷幕灌浆	段长：5m	涌水压力：0MPa
耗材：水泥（比重：3.12)		
开灌水灰比：5:1	设计压力：3.5MPa	日期：2019-03-12

时间	进浆 L/min	回浆 L/min	注入 L/min	压力 MPa	最大压力 MPa	密度 g/cm³	水灰比 :1	总浆量 L	总灰量 kg
09:01:02 开始									
09:06:02	89.0	77.7	11.2	3.04	4.15	1.13	4.76	56.4	11.1
09:11:02	89.2	72.7	16.6	3.03	3.61	1.15	4.29	139.5	29.1
09:16:02	89.0	75.4	13.6	3.27	3.99	1.14	4.38	207.5	43.6
09:21:02	89.2	80.0	9.2	3.51	4.15	1.14	4.48	253.5	53.2
09:26:02	88.6	82.7	5.9	3.56	3.88	1.14	4.40	283.0	59.4
09:31:02	89.2	83.7	5.5	3.62	4.00	1.15	4.36	310.3	65.2
09:36:02	87.7	86.0	1.7	3.54	3.99	1.15	4.30	318.8	67.1
09:41:02	88.7	88.7	0.0	3.56	3.77	1.15	4.23	318.8	67.1
09:46:02	88.9	88.3	0.6	3.58	3.78	1.16	3.99	321.9	67.8
09:51:02	88.7	88.7	0.0	3.55	3.92	1.17	3.74	321.9	67.8
09:56:02	87.9	87.6	0.3	3.58	3.80	1.17	3.66	323.2	68.1
10:01:02	87.5	87.3	0.3	3.56	3.76	1.18	3.43	324.5	68.5
10:06:02	80.0	80.0	0.0	3.55	3.93	1.20	3.15	324.5	68.5
10:06:02 屏浆结束									

工艺：三参数	方法：大循环	通道：通道一
防伪编码：17001574781	版本号：DD2.0	设备编号：180302.ddWH_1
总浆量：324.5L	注入水泥：68.5Kg	单耗：13.70Kg/m
管占：58.8L（15.7kg)	孔占：294.5L（78.5kg)	废弃：20.0L（5.3kg)

记录员：_____ 班长：_____ 初检：_____

图 6.5-21 灌浆报表

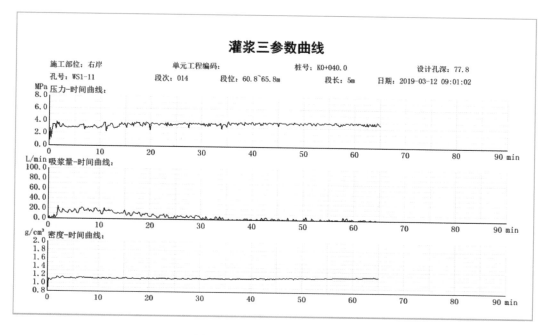

灌浆三参数曲线

| 施工部位：右岸 | 单元工程编码： | 桩号：K0+040.0 | 设计孔深：77.8 |
| 孔号：WS1-11 | 段次：014 | 段位：60.8~65.8m | 段长：5m | 日期：2019-03-12 09:01:02 |

图 6.5-22 灌浆三参数曲线图

封孔报表

工程名称：
施工单位：中国水电七局•华东院雅砻江杨房沟水电站设计施工总承包项目部

部位：右岸　　排号：1　　孔口高程：1995m
单元号：　　孔序：I　　设计孔深：77.9m
桩号：K0+035.5　　段次：FK　　覆盖层：0.9m
孔号：WS1-13　　段位：0.9~77.9m　　地下水位：0m
灌浆类型：帷幕灌浆　　段长：77m　　涌水压力：0MPa
耗材：水泥（比重：3.12）
开灌水灰比：0.5:1　　设计压力：1.5MPa　　日期：2019-03-05

时间	进浆 L/Min	回浆 L/Min	注入 L/Min	压力 MPa	最大压力 MPa	密度 g/cm^3	水灰比 :1	总浆量 L	总灰量 Kg
12:42:06 开始									
12:43:27	88.4	0.0	88.4	0.01	0.20	1.83	0.50	116.4	141.9
12:43:27 暂停：置换浆液									
12:47:59 恢复作业									
12:52:59	83.6	83.6	0.0	1.54	1.93	1.83	0.50	116.4	141.9
12:57:59	84.2	84.2	0.0	1.54	1.97	1.84	0.48	116.4	141.9
13:02:59	85.1	85.1	0.0	1.54	1.88	1.85	0.48	116.4	141.9
13:07:59	84.7	84.7	0.0	1.54	1.91	1.85	0.48	116.4	141.9
13:12:59	84.2	84.2	0.0	1.54	1.80	1.86	0.47	116.4	141.9
13:17:59	83.3	83.3	0.0	1.55	1.90	1.86	0.47	116.4	141.9
13:22:59	83.6	83.6	0.0	1.55	1.93	1.86	0.47	116.4	141.9
13:27:59	83.8	83.8	0.0	1.55	1.84	1.87	0.46	116.4	141.9
13:32:59	82.3	82.3	0.0	1.54	1.82	1.88	0.46	116.4	141.9
13:37:59	83.1	83.1	0.0	1.55	1.81	1.87	0.46	116.4	141.9
13:42:59	81.9	81.9	0.0	1.54	1.89	1.87	0.46	116.4	141.9
13:47:59	82.2	82.2	0.0	1.55	1.79	1.88	0.46	116.4	141.9
13:47:59 屏浆结束									

工艺：三参数　　方法：大循环　　通道：通道一
防伪编码：17971691009　　版本号：DD2.0　　设备编号：180302.ddWH_1
总浆量：116.4L　　注入水泥：141.9Kg　　单耗：1.84Kg/m
管占：59.0L（75.5Kg）　　孔占：348.8L（446.1Kg）　　废弃：130.0L（166.3Kg）

记录员　　班长：　　初检：
复检：　　终检：　　监理工程师：

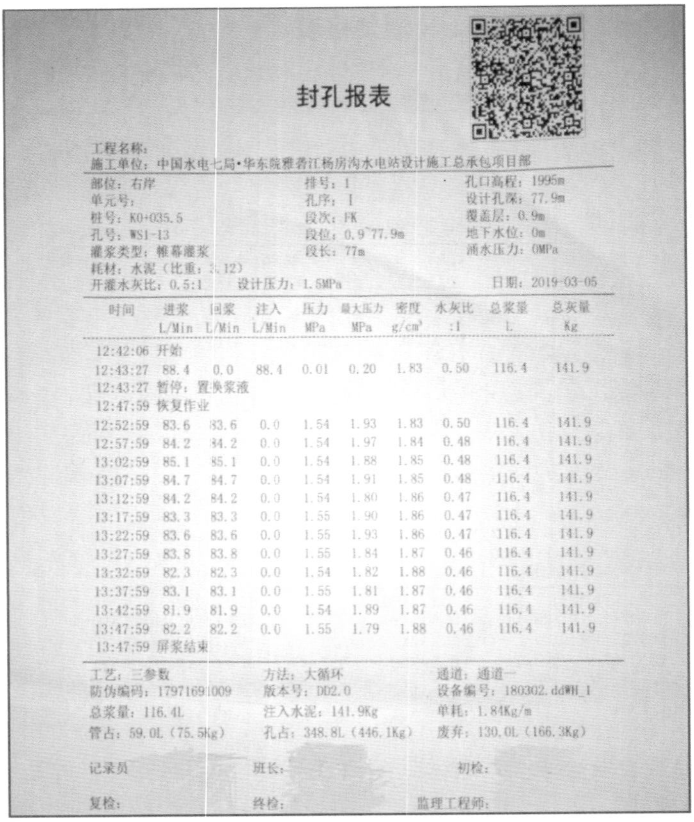

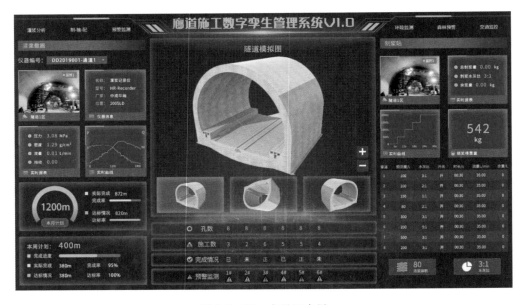

图 6.5 - 23　封孔报表

图 6.5 - 24　主界面大屏

2. 施工供水

在保证安全前提下，从系统主水管根据就近原则接施工用水至工作面。

3. 施工供电

施工供电项目主要为机械设备及夜间照明。在保证安全前提下，根据就近原则接电源至工作面。

在左右岸变电站附近各备用 1 台 100kW 柴油发电机，以便系统停电或供电线路故障时，能及时清洗灌浆泵及灌浆管路。

4. 施工通信

制、灌浆站和值班室之间采用一带三的内部电话与电铃连通。灌浆站采用对讲机联系，值班室与外界的联系采用接引无线信号的方式。

5. 制浆、灌浆系统

制浆采用系统制浆站。灌浆站布置位置应与各接缝灌区高程基本保持一致，设置在坝后栈桥或坝后贴脚平台。当不具备以上条件时，同一灌浆站设置位置原则上只能灌三层接缝灌区。

6. 系统排污

拱坝横缝接缝灌浆污水，抽排至大坝灌浆排污系统内统一进行处理。

6.5.4 系统实施过程

智能灌浆在本水电站实施经历 3 个阶段，取得了良好的效果。具体实施阶段如下。

1. 第一阶段坝基固结灌浆现场试验实施情况

防渗工程智能灌浆，自 2018 年已经开展研究，引进 1 台自动灌浆系统在坝基固结灌浆现场试验。经试验，自动灌浆系统已基本成熟，并与 BIM 系统连接，在试验过程中发现自动灌浆系统试验过程中存在以下问题。

（1）密度计安装在回浆管路，需改装在进浆管路上。

（2）试验过程中软件、电子元件各出现过一次问题，需对软件的稳定性进行改进、便于易损元件维修。

（3）配浆设备未能显示配浆比重，需研发在配浆设备位置能显示配浆比重。

（4）灌浆过程中出现异常情况时自动灌浆系统与人工记录有些偏差，需对软件的计算精确度进行改进。

（5）压力传感器不稳定，需对压力传感器进行改进。

（6）需进一步提升自动灌浆系统的整洁性和美观性。

2. 第二阶段帷幕灌浆试验、左岸高程 2005.00m 灌排洞帷幕灌浆、尾水洞固结灌浆、接缝灌浆实施情况

经改装后，另引入 1 台自动灌浆系统在帷幕灌浆试验区进行现场试验，经帷幕灌浆试验区试验对第一阶段自动灌浆系统存在的问题进行了改进。同时对自动灌浆系统提出实现自动化、实现可视化、智能化需求。另新引入 4 台自动灌浆系统在左岸高程 2005.00m 灌排洞帷幕灌浆、尾水洞固结灌浆、接缝灌浆进行试验，经试验，试验目的基本形成。

（1）实现自动化。

1）可以自动制浆的大型制浆站安装调试完成。

2）可以按要求调节压力、任意调节浆液浓度的全自动配浆。

（2）实现可视化。

1）完成施工数据、灌浆压力、灌浆进浆流量、灌浆返浆流量、灌浆密度、抬动数据等数据上传；完成自动制浆系统、自动灌浆系统、自动输浆系统的硬件和软件控制系统的状态数据上传。

2）摄像头安装完成。

3）实现开发"基与数字孪生的水电站渗控施工智能制造系统"界面和后端数据库关联，可以展现和存储实时数据，能够将数据和三维图进行交互，实现初步"数字孪生"。

（3）实现智能化。

1）灌浆成果分析系统，对灌浆成果进行展现，并采用多种智能算法，对渗控过程进行分析，完成控制流压最优方法，以及变浆最优方法研究比对。

2）制输配系统平稳运行，有了更多数据支撑的前提下，对于各个环节在时间和空间上的建模更加细化，寻找最优调度算法，实现最经济调度。

3）有了数据平台的支撑，开始建立渗控工程数据库，展开相关性建模。

该课题自研发至第二阶段试验完成，通过测试运行、升级优化，已可实现灌浆过程的自动/智能制浆、自动/智能输浆、智能配浆、智能灌浆，实现抬动自动观测和报警，灌浆过程特殊情况处理，施工数据实时传输、存储、分析、形成成果资料，专家远程会诊系统已完备并运行。实现施工场景远程监控，智能灌浆系统 PC 端监控、实时察看等功能，初步实现了三维地质建模指导灌浆策略。

经第二阶段试验，智能灌浆系统已取得阶段性成果，在杨房沟水电站的固结灌浆、帷幕灌浆、接缝灌浆中均有应用，效果良好。于 2020 年 8 月 4 日在成都召开了智能灌浆研讨会，邀请了工程院院士和行业专家对智能灌浆进行了充分的论证和研评，会上专家一致认为智能灌浆在国内处于领先地位，特色鲜明，将是灌浆行业的一次技术革命，对于国家大型基础设施建设具有重大意义。

同时对专家在阶段性成果汇报中提及的系统问题进行了优化升级，对硬件在使用中发现的问题进行了改造。如：第二阶段灌浆系统基本实现了灌浆施工的自动化，但在系统数据显示的逻辑性、压力控制的合理性及易用性方面存在需要改进的地方。同时，智能管理系统界面的友好性、数据分析功能等也需要进一步完善和提高。

3. 第三阶段左右岸高程 2102.00m 灌排洞和右岸高程 2054.00m 灌排洞帷幕灌浆实施情况

根据专家在阶段性成果汇报中提及的改进、升级事项，对硬件在使用中发现的问题进行优化升级，并在左右岸高程 2102.00m 灌排洞和右岸高程 2054.00m 灌排洞帷幕灌浆进行试验。经试验，智能灌浆系统已成熟，在杨房沟水电站实现了数字孪生、现场视频监控和抬动变形控制、施工流程验评管理、高度集成的智能灌浆系统、地质和灌浆大数据管理平台、BIM 三维展示系统、在线专家诊断系统等，以全面感知-精细分析-精准反馈-智能控制为核心要素的防渗灌浆工程智能建造关键技术。该课题研究意义重大，取得了丰硕的成果。

4. 系统实施效果评价

杨房沟水电站采用智能灌浆系统完成了拱坝横缝接缝灌浆 2.3 万 m²，占总工程量 70％；固结灌浆 2.6 万 m，占总工程量 20％；帷幕灌浆 4.4 万 m，占总工程量 33％，为实现杨房沟水电站提前半年发电的目标打下了坚实基础。其中，固结灌浆数据采集 31200 万条，帷幕灌浆数据采集 52800 万条。

智能灌浆系统经过三阶段的改进与应用，具有以下特点。

（1）采用智能建造系统施工，通过灌后检查孔压水及物探检查，灌后质量均满足设计及规范要求。

（2）提出基于三维精细地质模型的灌浆过程数值模拟路线、基于三维精细地质模型的灌浆过程数值模拟应用与改进，多孔分序灌浆模拟误差最小为 3.41％，最大仅 9.50％（改进前多孔分序灌浆模拟误差部分在 10％以上，最大达到了 21.3％），数值模拟准确率提高幅度较大、能够精确地对地层进行研判，更好地指导灌浆施工。

（3）传统灌浆所用自动灌浆记录仪，只能完成灌浆数据的记录、报表打印等功能，对灌浆作业是否按规范操作不能智能监控，灌浆过程中需要人工手动配浆、调压，人为按灌浆规范要求判断是否变浆、待凝、限压、限流、屏浆等操作。对记录员技能水平要求较高，实际操作工序时的控制随意性较大；智能灌浆系统实现制浆和配浆、灌浆压力和流量控制、数据记录与处理的全过程智能化施工及管理，降低人为操作不当造成的质量隐患。

（4）智能建造系统利用人工智能、大数据、工业 5G 等新兴科技，通过三维地质建模、灌浆过程信息收集、利用地质与施工多维信息系统，对数据进行分析研判，实现不同地层条件下的灌浆最优施工参数对地层的适应性，涵盖了随钻感知、一键启动、自动制浆、智能输浆、智能配浆、智能灌浆、数据实时传输、报表实时生成、在线验评、现场监控、专家在线咨询、灌后检查孔布设智能推荐、渗控监测等功能，该课题研究意义重大，取得了丰硕的成果。

总之，智能灌浆提升了装备自动（智能）化程度，减轻了劳动强度，大幅降低了水泥浆液、水电、配件等损耗，保证了灌浆质量，提高了经济效益。

第7章　智能建管平台推广应用体系

7.1　组织体系

传统大型水电工程建设管理的信息化工作往往是碎片化的，例如：建设单位做一个工程管理系统、设计单位做一套三维设计、施工单位做一套智慧工地，其数据互不相通。在这种情况下，信息化反而加重建设管理负担。

通过一体化管控平台框架和集成方法研究，根据 EPC 模式特点，由业主方主导，总承包方一体化实施，保证统一平台和数据生成与使用，反之，数字化手段又促进了项目管理，由串联式工作变革为网络式工作方式。

在组织体系方面，建设管理信息化由建设方主导、总承包方执行、监理方监督，参建各方均是一体化管控平台框架和集成的有机组分。在原组织机构基础上杨房沟水电站总承包项目部融入了全过程信息化管理理念，丰富了基于 EPC＋BIM 的建设管理组织体系（图 7.1－1）。

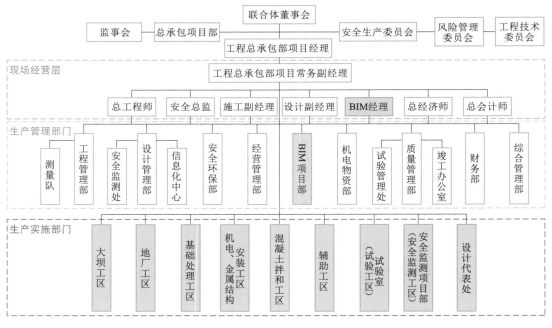

图 7.1－1　杨房沟水电站基于 EPC＋BIM 的建设管理组织体系

2016 年 1 月 1 日，杨房沟水电站正式开工，BIM 项目部与主体工程同步进场，同步开展需求分析和 BIM 应用体系建设。将 BIM 经理纳入领导班子，共同决策重大事项；BIM 项目部由专职的数字化工程师组建，全力投入 BIM 研发应用；九大工区各处均配有专职的 BIM 联络人员。

基于 EPC＋BIM 的建设管理组织体系，有利于在现场经营层、生产管理部门、生产实施部门等各个层级均融入信息化管理理念。通过信息化，加强各个层级之间的联系，为大型水电工程建设管理提质增效。

7.2 制度体系

将 BIM 开发应用团队融入组织架构和考核体系，制定一系列管理办法和考核办法，包括《电子文件归档管理办法》《电子签章管理办法》和《BIM 系统运行管理办法》，确保 BIM 应用具有政策导向，自上而下精准发力，以点带面形成氛围，最终以 BIM 为媒介创新大型 EPC 水电工程管理模式。

为推进对杨房沟水电站主体工程的数字化管理，保证设计施工 BIM 系统在本工程应用顺利推进，明确 BIM 系统应用及运行管理过程中负责实施的组织机构、人员构成、以及各部门的工作内容、承担的职责和考核制度，确保各实施部门深度参与、精细管理；监理机构联合建设单位及总承包部，结合工程实际制定了《雅砻江杨房沟水电站设计施工 BIM 管理考核实施细则》，按季度对总承包部进行 BIM 管理应用考核。在此基础上，总承包部制定了《雅砻江杨房沟水电站设计施工 BIM 管理应用考核管理办法》，对各单位进行月考季评。

参建各方按月召开 BIM 应用协调会，及时沟通了解 BIM 系统运行、维护及使用情况和当前存在的问题，对系统当前存在的问题以及后续完善的要求、计划等事宜进行讨论并及时跟进解决。BIM 项目部定期以问卷形式调查用户需求，并作为方案迭代重要依据。在组织、管理、经济、技术等措施的综合作用下，BIM 在杨房沟水电站自上而下推行，又自下而上反馈，应用渠道较为畅通。取 EPC 模式组织架构优势，补大型工程建管难这一劣势，最终形成一套具有杨房沟特色的水电行业 EPC 模式 BIM 应用解决方案。

7.3 技术体系

在技术体系层面，基于工程数据中心，系统创建了基于 BIM 的大型水电工程 EPC 项目一体化管控体系，打通设计管理、质量管理、进度管理、投资管理、安全管理等业务数据，实现了大型水电工程 EPC 项目的设计施工一体化管控。杨房沟水电站智能建管技术体系如图 7.3-1 所示。

作为各信息交互联通的节点，BIM 工程技术中心实现了多属性数据的有机融合，大幅降低了大型水电工程 EPC 项目信息沟通的成本。如图 7.3-2 所示，通过对工程全生命周期中所产生的海量数据存储、处理与挖掘，工程数据中心打通了设计管理、质量管理、进度管理与投资管理之间的屏障，真正做到了工程数据的流通、共享与增值，从管理模式

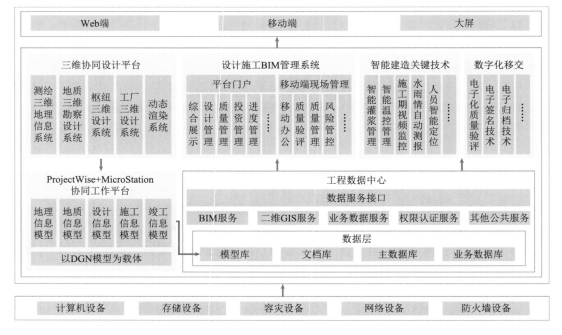

图 7.3-1　杨房沟水电站智能建管技术体系

的底层构架上提升了参建各方沟通效率，提升了设计、施工一体化水平。

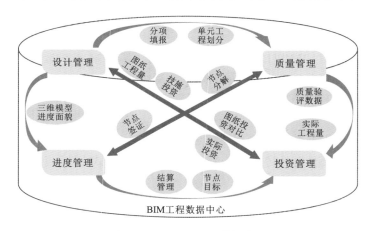

图 7.3-2　BIM 工程数据中心

　　杨房沟水电站 BIM 系统目前有 16 个子模块，每一个子模块均具有独立功能，可以相对独立地进行使用和展示。各模块具有一致的数据接口和一致的输入、输出接口的单元，相同种类的模块在产品族中可以重用和互换，相关模块的排列组合就可以形成最终的产品。相似性的重用，可以实现整个平台的设计、开发、运行维护资源简化。

　　系统中除设置常规的设计管理、质量管理、进度管理等基础模块外，还通过接口开发方式，集成工程安全监测系统、施工期视频监控系统、水情测报系统、投资管理系统、灌浆监控系统、混凝土温控系统等其他模块数据，并在统一界面进行展示，使一体化管控更具成效。可模块化配置的设计施工一体化管控平台，可以更快速地满足项目个性化需求，从而使产品更具有推广性。

7.4　业务体系

为更好地规范业务流程，保障工程建设质量，提升业务流转效率，亟须建立标准化的建设管理业务流程。通过信息化、数字化的管控流程，提高管理效率，节能降耗，节约成本。

数字化业务体系主要包括：

（1）理顺业务流转过程。根据现场实际管理需求，为工程建设管理业务流程制定流程模板，每一步流程均可定制短信提醒，中间过程及审批意见均记录在案，并有可追溯性，是高效沟通的有效、必要手段。

（2）一键导出业务表单。业务流程记录支持一键导出，可用于资料归档。将业务单据进行结构化开发，并引入电子签章，全面避免用户线下行为，真正实现无纸化办公。

（3）动态跟踪多方监管。在实现流程标准化后，各方均可在同一平台上查询和操作，也更加明确了各方责任界限。同时，流程时间节点均有记录，也督促了各方对报审流程的推进，极大地提高了效率。

（4）避免低效沟通方式。在传统建设模式下，参建各方通过 QQ、邮件等工具进行文件传输和意见表达，这种方式的弊端是各方沟通不方便、操作不规范，经常会发生文件遗漏、意见遗忘等情况，沟通成本较大，甚至影响工程进度。而通过流程标准化，可规范业务流程，降低沟通成本，全面提高沟通效率。

（5）合法在线电子签章。业务流程均具有有效电子签章信息，符合档案文控相关规范标准，确保流程数据具备电子归档的技术基础。

7.5　功能体系

雅砻江杨房沟水电站设计施工 BIM 管理系统于 2016 年 1 月 1 日与主体工程同步开发建设，并于 2016 年 11 月试运行。自 2016 年 12 月正式上线以来，已运行 54 个月，现有 16 个功能模块：主页、综合展示、设计管理、技术管理、质量管理、进度管理、投资管理、安全监测、监控视频、水情测报、混凝土温控、智能灌浆、施工工艺、危岩体防控、基础数据、系统管理、个人中心等。其中，安全监测、监控视频、水情测报、混凝土温控、智能灌浆、施工工艺等模块集成了第三方系统，数据同步于工程数据中心。截至 2022 年 4 月，BIM 系统用户共计 1250 人，权限角色共计 60 种，全面覆盖建管局、总承包部、长委监理、厂家代表等多个参建方。设计管理模块共记录了 2945 条设计报审流程，质量管理模块共归集了 13776 个单元工程的质量评定资料。杨房沟水电站设计施工 BIM 管理系统部分界面如图 7.5-1 所示。

随着移动互联的深度发展，在大型水利水电 EPC 总承包项目管理中，基于移动设备的人机交互管理成为日益重要的技术手段和管理抓手。基于移动设备搭建人机交互平台，

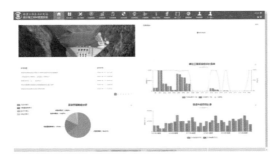

（a）主页

（b）综合展示

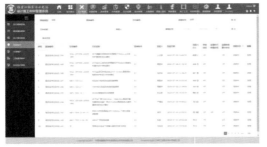

（c）技术管理

（d）质量管理

（e）进度管理

（f）施工工艺

图 7.5-1　杨房沟水电站设计施工 BIM 管理系统部分界面

研制一库多平台共享算法，建立符合大型水利水电 EPC 工程总承包管理的移动端人机交互平台，有助于实现从顶层到基层的管理扁平化。

基于移动互联的智慧管理信息系统在大型水利水电 EPC 项目施工过程中发挥了重要作用，为工程建设设计、质量、安全、进度管理提供了重要技术支撑，充分体现了设计施工总承包项目管理的巨大优势。移动互联系统的成功研发和应用，为水电工程总承包信息化管理创新和提升提供了良好借鉴。

为进一步服务于大型水利水电 EPC 项目施工过程管理，提高工程管理效率和管理水平，减少建设管理成本，杨房沟水电站开发建设了"基于移动设备的项目动态管理系统"。该移动系统与一体化三维协同设计平台、设计施工 BIM 管理系统共同构成杨房沟水电站智慧管理信息系统，包括"移动云办公 APP""质量验评 APP""质量管理 APP""安全风险管控 APP"等多个专业管理 APP，构成移动互联系统。

第8章 总　　结

随着数字化技术的不断发展和日臻完善，将数字化技术作为一种辅助手段介入工程建设管理已经成为大型水电工程项目建设管理的趋势。杨房沟水电站作为国内首个百万千瓦级 EPC 总承包水电项目，是新常态下水电开发模式的重大创新，前人可供参考借鉴的经验有限，在工程建设管理过程中也必然有许多需要探索创新、亟待解决的难题。该工程积极响应国家大力提倡的工业化与信息化"两化"深度融合的要求，将传统水电工程建设管理进行了创新，采用先进的 BIM、大数据、移动端、物联网等技术，借助数字化手段将工程建设精细化，管理深入至"单元级"，实现了杨房沟水电工程设计施工的全过程数字化管理与智慧化管控。

基于 BIM，赋予进度、质量、工程量等相关施工信息，该工程最终实现了基于 BIM 的数据交互以及数据的多重利用。基于复杂水利水电工程总承包建设管理模式，构建了覆盖全工程、全要素、全过程和全参建方、多层级的智能建管平台，建立了 1 个中心、2 个平台、N 个系统的"1+2+N"智能建管体系；基于动态精细化施工信息模型，建立了高拱坝混凝土全时空防裂控制、全过程浇筑实时管控与电子文件"单轨制"数字归档等的智能工程技术体系，6 项智能建造技术取得突破；构建了复杂水利水电工程的"组织-制度-技术-业务-应用"五位一体的智能建管体系，有效地保障了智能建管关键核心技术的全面应用，实现了项目全生命周期高效优质建设。

该系统的使用为杨房沟水电站带来了积极的经济效益和社会效益，成果应用为杨房沟水电站带来经济效益约 22258.91 万元，此外，推广应用效益约 25163 万元。在水利水电行业影响力显著，30 余家单位到杨房沟水电站现场调研学习，受到多家央媒、官媒专题报道。各调研单位一致认为杨房沟水电站 EPC 全过程数字化建设管理成果达到业内一流水平，具有很强的创新性和推广价值。钟登华、王复明、许唯临等院士对杨房沟水电站设计施工一体化数字化实践进行了咨询与鉴定，认为本成果是国内水电行业首个覆盖工程全体、全生命周期的智能建造统一平台，走在行业前列，可作为行业标准范本推广。成果获得了"第四届全国质量创新大赛"QIC-V 级（最高级）技术成果、2019 年首届全国水利行业 BIM 应用大赛金奖、2019 年度中国电力科技创新奖一等奖、第四届中国电力数字工程（EIM）大赛唯一特等奖、2021 年工程建设科学技术进步一等奖等省部级大奖。

杨房沟水电站设计施工一体化数字化建设实践项目以 BIM 为载体，以业务管控为中心，以移动化应用为重心，实现了单项目、全要素管理的工程建造智能化。借助先进的技术方法和手段，对传统水电工程的建设管理进行了创新，提升了 EPC 模式下水电站建设的管理水平，真正实现了大型水电工程 EPC 项目中基于移动设备的人机交互管理、扁平化管理、数据感知和共享管理，为大型水电工程 EPC 项目管理升级、优化生产组织提供了新思路、新方法，实现了杨房沟水电工程的数字化管理和智慧化管控，为国内同类工程建设创新管理思路提供了良好的借鉴。

参 考 文 献

刘金飞，尹习双，邱向东，等，2013. 混凝土施工仿真及进度监控技术在深溪沟厂坝工程中的应用研究 [J]. 水电站设计，29（1）：4 - 7.

罗伟，刘全，胡志根，2009. 基于 Petri 网的碾压混凝土坝施工系统耦合研究 [J]. 系统仿真学报，21（7）：2053 - 2056，2060.

王仁超，等，1995. 高碾压混凝土坝施工过程仿真研究 [J]. 水力发电学报，14（1）：25 - 37.

翁永红，谢红忠，2001. 水工混凝土工程施工实时动态仿真 [J]. 人民长江，10：20 - 22，66.

燕乔，等，2015. 面板堆石坝对实体施工进度实时仿真系统研究及应用 [J]. 水电能源科学，33（5）：141 - 144.

钟登华，王飞，吴斌平，等，2015，从数字大坝到智慧大坝 [J]. 水力发电学报，34（10）：1 - 13.

AbouRizk S，Hajjar D，1998. A framework for applying simulation in the construction industry [J]. Canada Journal of Civil Engineering，25（3）：604 - 617.

Alvanchi A，Lee S，AbouRizk S，2009. Modeling architecture for hybrid system dynamics and discrete event simulation [C]. Construction Research Congress，1290 - 1299.

Burlingame S E，2004. Application of infrared imaging to fresh concrete：monitoring internal vibration [M]. Cornell University.

Golparvar - Fard M，Pena - Mora F，Savarese S，2012. Automated progress monitoring using unordered daily construction photographs and IFC - based building information models [J]. Journal of Computing in Civil Engineering，29（1）：04014025 - 1 - 04014025 - 19.

Gong J，Yu Y，Krishnamoorthy R，et al.，2015. Real - time tracking of concrete vibration effort for intelligent concrete consolidation [J]. Automation in Construction，54：12 - 24.

Halpin D，1977. CYCLONE - method for modeling job site process [J]. Journal of Construction Engineering and Management，103（3）：489 - 499.

Horenburg T，Gunthner W A，2013. Construction scheduling and resource allocation based on actual state data [J]. ACSE International Workshop on Computing in Civil Engineering，741 - 748.

Jurecha W，Widmann R，1972. Optimization of dam concreting by cable - cranes [C]. In：11th International Congress on Large Dam，43 - 49.

Kamat V R，Martinez J C，2003. Validating complex construction simulation models using 3D visualization [J]. System Analysis Modelling Simulation，43（4）：455 - 467.

Lee C J K，Furukawa T，Yoshimura S，2005. A human - like numerical technique for design of engineering systems [J]. International Journal For Numerical Methods in Engineering，64（14）：1915 - 1943.

Martinez J，1994. General purpose simulation with Stroboscope [C]. Winter Simulation Conference，Association for Computing Machinery，New York，1159 - 1166.

Navon R，2007. Automated data collection for infrastructure project control [C]. 24th International Symposium on Automation and Robotics in Construction，7 - 9.

Song L，Ramos F，Amold K，2014. Adaptive real - time simulation of earthmoving project using location tracking techniques [J]. Automation in Construction，42（42）：50 - 67.

Tian Z，Bian C，2014. Visual monitoring method on fresh concrete vibration [J]. KSCE Journal of Civil Engineering，18（2）：508 - 513.